普通高等院校工程训练系列教材

工程训练综合创新教程

主编 张 辉 黄风立

清华大学出版社
北京

内 容 简 介

全书共分 6 章,以数控技术、电火花线切割加工技术、激光加工技术、3D 打印技术等先进加工技术为主要内容,以典型零件的加工实操为例,讲述了采用先进加工技术加工典型零件的详细步骤,是机械类专业学生掌握先进加工技术的实操工具书。根据"工程训练综合"课程的需要,本书最后一章以 KAPI 一体化综合训练典型项目为例,训练学生的实践创新能力。

本书适合高等工科院校机械类、近机械类专业的先进工程技术实践训练教学使用,非机械类专业可根据专业特点有针对性地选学书中内容。

图书在版编目(CIP)数据

工程训练综合创新教程/张辉,黄风立主编.—北京:清华大学出版社,2022.6
普通高等院校工程训练系列教材
ISBN 978-7-302-61199-8

Ⅰ. ①工… Ⅱ. ①张… ②黄… Ⅲ. ①机械制造工艺-高等学校-教材 Ⅳ. ①TH16

中国版本图书馆 CIP 数据核字(2022)第 105986 号

责任编辑:冯 昕 苗庆波
封面设计:傅瑞学
责任校对:赵丽敏
责任印制:宋 林

出版发行:清华大学出版社
   网 址:http://www.tup.com.cn,http://www.wqbook.com
   地 址:北京清华大学学研大厦 A 座   邮 编:100084
   社 总 机:010-83470000   邮 购:010-62786544
   投稿与读者服务:010-62776969,c-service@tup.tsinghua.edu.cn
   质量反馈:010-62772015,zhiliang@tup.tsinghua.edu.cn
印 装 者:三河市科茂嘉荣印务有限公司
经 销:全国新华书店
开 本:185mm×260mm 印 张:11   字 数:265 千字
版 次:2022 年 6 月第 1 版   印 次:2022 年 6 月第 1 次印刷
定 价:36.00 元

产品编号:097088-01

序言

　　改革开放以来,我国贯彻科教兴国、可持续发展的伟大战略,坚持科学发展观,国家的科技实力、经济实力和国际影响力大为增强。如今,中国已经发展成为世界制造大国,国际市场上已经离不开物美价廉的中国产品。然而,我国要从制造大国向制造强国和创新强国过渡,要使我国的产品在国际市场上赢得更高的声誉,必须尽快提高产品质量的竞争力和知识产权的竞争力。清华大学出版社和本编审委员会联合推出的"普通高等院校工程训练系列教材",就是希望通过工程训练这一培养本科生的重要环节,依靠作者们根据当前的科技水平和社会发展需求所精心策划和编写的系列教材,培养出更多视野宽、基础厚、素质高、能力强和富于创造性的人才。

　　我们知道,大学、大专和高职高专都设有各种各样的实验室。其目的是通过这些教学实验,使学生不仅能比较深入地掌握书本上的理论知识,而且能更好地掌握实验仪器的操作方法,领悟实验中所蕴涵的科学方法。但由于教学实验与工程训练存在较大的差别,因此,如果我们的大学生不经过工程训练这样一个重要的实践教学环节,当毕业后步入社会时,就有可能感到难以适应。

　　对于工程训练,我们认为这是一种与社会、企业及工程技术的接口式训练。在工程训练的整个过程中,学生所使用的各种仪器设备都来自社会企业的产品,有的还是现代企业正在使用的主流产品。这样,学生一旦步入社会,步入工作岗位,就会发现他们在学校所进行的工程训练与社会企业的需求具有很好的一致性。另外,凡是接受过工程训练的学生,不仅为学习其他相关的技术基础课程和专业课程打下了基础,而且同时具有一定的工程技术素养。开始面向工程实际了。这样就为他们进入社会与企业,更好地融入新的工作群体,展示与发挥自己的才能创造了有利的条件。

　　近20多年来,国家和高校对工程实践教育给予了高度重视,我国的理工科院校普遍建立了工程训练中心,拥有前所未有的、极为丰厚的教学资源,同时面向大量的本科学生群体。这些宝贵的实践教学资源,像数控加工、特种加工、先进的材料成形、表面贴装、机器人数字化制造、智能制造等硬件和软件基础设施,与国家的企业发展及工程技术发展密切相关。而这些涉及多学科领域的教学基础设施,又可以通过教师和其他知识分子的创造性劳动,转化和衍生出为适应我国社会与企业所迫切需求的课程与教材,使国家投入的宝贵资源发挥其应有的教育教学功能。

为此,本系列教材的编审,将贯彻下列基本原则:

(1)努力贯彻教育部和财政部有关"质量工程"的文件精神,注重课程改革与教材改革配套进行,为双一流课程建设服务。

(2)要求符合教育部工程材料及机械制造基础课程教学指导组所制定的课程教学基本要求。

(3)在整体将注意力投向先进制造技术的同时,要力求把握好常规制造技术与先进制造技术的关联,把握好制造基础知识的取舍。

(4)先进的工艺技术,是发展我国制造业的关键技术之一。因此,在教材的内涵方面,要着力体现工艺设备、工艺方法、工艺创新、工艺管理、工艺教育和工艺安全的有机结合。

(5)有助于培养学生独立获取知识的能力,有利于增强学生的工程实践能力、系统思维能力和创新思维能力。

(6)重视机械制造技术、电子控制技术和信息技术的交叉与融合,使学生的认知能力向综合性、系统性和机电一体化的方向发展。

(7)融汇实践教学改革的最新成果,体现出知识的基础性和实用性,以及工程训练和创新实践的可操作性。

(8)慎重选择主编和主审,慎重选择教材内涵,严格遵循和体现国家技术标准。

(9)注重各章节间的内部逻辑联系,力求做到文字简练,图文并茂,便于自学。

本系列教材的编写和出版,是我国高等教育课程和教材改革中的一种尝试,一定会存在许多不足之处。希望全国同行和广大读者不断提出宝贵意见,使我们编写出的教材更好地为教育教学改革服务,更好地为培养高质量的人才服务。

普通高等院校工程训练系列教材编审委员会

主任委员:傅水根

2022 年 7 月于清华园

"工程训练综合"是一门以培养学生实践创新能力为目的、以训练学生先进加工技术为手段的实践课程,与"金工实习"相比,不但教学内容和教学手段进行了升级,而且提升了教学理念和实操水平。本书以"实训操作教学"为主,在内容组织上力求突出实用性、操作性、先进性和综合性,为学生的工程实践综合创新活动提供有效指导。本书适合高等工科院校机械类、近机械类专业的先进工程技术实践训练教学使用,非机械类专业可根据专业特点有针对性地选学书中内容。

本书作为普通高等工科院校和高等职业技术院校的工程训练综合创新教程,具有体系新颖、内容精练、图文并茂等特点,实用性强。随着技术的发展,我们不断地进行总结和提高,力求在内容组织上突出实用性、应用性、先进性和综合性。全书结合训练内容和工程实际,主要以案例式教学法开展操作技能讲解,尽量做到学以致用。

本书根据工程训练发展的需要进行内容设置,主要内容包括数控技术、电火花线切割加工技术、激光加工技术、3D打印技术等。其中,数控技术又包含了数控车床、加工中心等主要内容,电火花线切割加工技术主要以数控电火花线切割机床为例进行编写、激光加工技术主要以激光切割机为例进行编写、3D打印技术主要以3D打印机为例进行编写。最后是综合运用先进加工技术开展KAPI一体化工程训练项目。通过本书的学习,可以培养学生的工程实践综合应用能力,为学生进行科技创新、竞赛等综合创新训练活动奠定良好的基础。

本书由嘉兴学院的张辉、黄风立担任主编,由清华大学傅水根教授担任主审,参加编写的人员还有嘉兴学院的李积武、徐俊斌、伊光武等。

本书在编写过程中参考和引用了相关教材、产品手册、学术论文等文献资料,还借鉴了许多同行专家的教学成果,在此一并表示真诚的谢意。

本书内容多、范围广、技术新,涉及传统和现代制造技术知识。由于编者水平有限,书中难免有错误和不足之处,恳请读者批评指正。

编　者

2022 年 3 月

目录

概　　论

制造业是国家科技水平和综合实力的重要标志,先进的制造技术和制造装备是"国之利器,不可以示人"。采用先进的制造技术,使用先进的装备,创新生产工艺,改革生产管理,提高生产效率,才能有效地降低劳动成本,快速响应市场多变的产品需求,满足人们的生产和生活需要。随着现代社会对先进制造技术要求的逐步提高,"高精尖"技术已经出现,其转化为生产力的时间日益缩短,如果不能抓住机遇,努力参与科技创新和技术提升,将会错失产业结构升级调整的历史机遇。

为了提高学生掌握先进制造技术和操作先进制造装备的水平,我们编写了《工程训练综合创新教程》,该教材是一门关于先进制造技术实践的教材,其主要内容包括数控技术、电火花线切割加工技术、激光加工技术、3D打印技术等。读者可学习采用这些先进制造技术把毛坯转化成产品或零件的加工方法,学习把设备、原材料、人力和加工过程有序结合的系统性实践技能。

1.1　先进制造技术

先进制造技术不是一个静态封闭的技术系统,而是一门不断吸收其他先进技术,并加以融合发展的交叉科学,在不同的历史时期它所包含的技术不尽相同。很多学者认为:先进制造技术是指在制造过程和制造系统中,融合电子、信息和管理技术,以及新工艺、新材料等现代科学技术,并将其综合应用于产品设计、加工、检测、管理、销售、使用、服务乃至回收的全过程,实现优质、高效、低耗、清洁和灵活的生产,提高动态多变的市场适应能力和竞争力的制造技术总称。由于信息技术的融合,使得先进制造技术的适用范围不再局限于制造这一个简单的环节,还扩展到了以制造为核心的产品的整个生命周期,提高了产品质量。

在经济全球化的浪潮中,先进制造技术的加工柔性和高效率可以应对多型号、少批量的产品加工需求,增强了市场动态多变需要产品创新的适应能力,具备了制造产品的竞争能力。由于吸收了先进管理技术的最新发展成果,先进制造技术实现了合理的制造过程组织和管理体制的简化,从而产生了一系列先进的制造模式。这种先进的制造模式与制造工艺及管理技术共同组成了先进制造技术的核心,使传统制造技术脱胎换骨,而以先进制造技术的面目出现在世人面前,并展现出巨大的技术优势和实用价值,成为各国争先发展的核心技术。

1.2　先进制造工艺

先进制造工艺是通过采用各种先进制造方法将坯料加工制造成产品的过程。先进制造工艺是先进制造技术的核心和基础,是产品加工制造中先进性的集中体现,如果没有与之相适应的工艺,先进制造技术将难以发挥优势。美国国防关键技术计划指出:"制造工艺是将先进技术转化为可靠、经济、精良武器装备的关键。"先进制造工艺包括精密和超精密加工、微细加工、高速加工、生物制造、快速成形、激光加工及高能束加工等内容。随着技术的发展,各种各样的先进加工设备也出现了,如高精度的数控机床、高精度的数控电火花线切割机床、激光加工机床、3D打印机等。先进制造工艺主要分为材料成形和表面成形等工艺技术。

(1) 高效精密成形工艺。它是生产局部或全部无余量或少余量半成品工艺的统称,包括精密洁净铸造成形工艺、精确高效塑性成形工艺、优质高效焊接及切割工艺、优质低耗洁净热处理工艺、快速成形工艺等。

(2) 高精度切削加工工艺。它包括精密和超精密加工、高速切削和磨削、复杂型面的数控加工等。

(3) 现代特种加工工艺。它是指那些不属于常规加工范畴的加工工艺,如高能束加工(电子束、离子束、激光束)、电加工(电解和电火花)、超声波加工、高压水射流加工、多种能源的复合加工、纳米技术及微细加工等。

(4) 表面改性、制膜和涂层技术。它是采用物理、化学、金属学、高分子化学、电学、光学和机械学等技术或组合使用,赋予产品表面耐磨、耐蚀、耐热、耐辐射、抗疲劳的特殊功能,从而达到提高产品质量、延长使用寿命,赋予产品新性能的新技术的统称,是表面工程的重要组成部分。该技术包括化学镀非晶态合金、节能表面涂装、表面强化处理、热喷涂、激光表面熔覆处理、化学气相沉积等。

1.3　基本加工流程

基本机械加工过程包括产品设计、工艺准备、切削加工、装配与调试等。

(1) 产品设计,包括总体设计、零部件设计、选用材料、确定结构及尺寸、编制技术要求和绘制图纸等。

(2) 工艺准备,包括决定生产方案、制定工艺文件和选择工艺装备等。

(3) 切削加工,即采用数控机床、加工中心、电火花线切割机床、激光加工机床、3D打印机等进行零件的粗加工、半精加工和精加工。

(4) 装配与调试,包括组件装配、部件装配、产品总装和调试。

1.4　机械加工材料

材料是可以制成产品的物质,如木料、塑料、金属等。工业生产中使用的材料属于工程材料,主要包括金属材料、非金属材料和复合材料三大类。

　　金属材料是数控车床、加工中心常用加工的材料。常用的金属材料以合金为主,很少使用纯金属。合金是以一种金属为主体,加入其他金属或非金属,经过熔炼、烧结或其他方法制成的具有金属特性的材料。常用的合金是以铁为基础的铁碳合金,也有以铜或铝为基础的铜合金和铝合金。

　　非金属材料是激光加工机床、3D 打印机常用加工的材料。常用的材料有 ABS 材料、木板等。

　　复合材料是指将两种以上的材料组合于一体,以获得比单一材料更为优越的综合性能的新型高科技材料。

习　题　1

1-1　简述先进制造技术的概念。

1-2　简述先进制造工艺的概念和分类。

1-3　简述机械加工的过程。

1-4　简述机械加工材料的概念和分类。

数控技术

2.1　数控机床简介

数字控制（numerical control，NC）简称数控，是近代发展起来的一种自动控制技术，是一种用数字化信息实现机床控制的方法。数字控制机床（numerical control machine tool）是采用了数字控制技术的机床，简称数控机床。

国际信息处理联盟第五技术委员会对数控机床给出了如下定义：数控机床即数字控制机床，是一种装有程序控制系统的机床，该系统能够按一定的逻辑处理具有使用编码或其他符号指令规定的程序。它是一种灵活、通用、能够适应产品频繁变化的柔性自动化机床。

程序控制系统就是常说的数控系统。数控系统是一种自动控制系统，它自动输入载体上事先设定的数字，并将其译码，以驱动机床运动并进行零件加工。数控系统包括数控装置、可编程序控制器、主轴驱动及进给驱动装置等部分。

数控机床与普通机床相比，其工作原理的不同之处在于数控机床按照事先编制的程序，由数控系统控制完成预定的运动轨迹和辅助动作。数控机床一般由数控程序、输入装置、数控装置、伺服驱动器及位置检测装置、辅助控制装置和机床本体组成，如图 2-1 所示。

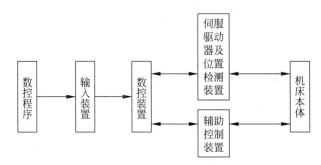

图 2-1　数控机床的组成

2.1.1　数控程序

数控程序是数控机床加工零件的程序，是按照一定的格式编写的代码。目前，在数控机床上常用存储卡和移动硬盘等进行存储和传送，存储容量大、数据交换可靠。

2.1.2 数控装置

数控装置是数控机床的核心，由信息输入、处理和输出三个部分组成。信息输入部分的功能是接收信息，包括 NC 程序、PLC 输入信号和数控面板输入信号等，是数控机床工作的基本信息；信息处理部分指 CPU 将输入信息分类、处理，并发出控制信号到输出部分；信息输出部分与主轴系统、坐标轴伺服系统和 PLC 控制的辅助功能部件等连接，将 CPU 的控制指令转换为各个功能部件能接收的控制信号，使其完成预定的控制功能。数控装置的输入部分和输出部分同时进行传输。

2.1.3 伺服驱动器及位置检测装置

伺服驱动器由伺服电动机和伺服驱动装置组成，是数控系统的执行部分。伺服驱动器接收数控系统的指令信息，并按照指令信息的要求驱动机床的移动部件运动或使执行部分动作，加工出符合要求的零件。指令信息以脉冲信号体现，每个脉冲使机床移动部件产生的位移量叫作脉冲当量。机械加工中一般常用的脉冲当量为 0.01 mm/脉冲、0.005 mm/脉冲、0.001 mm/脉冲，目前常用的数控系统脉冲当量为 0.001 mm/脉冲。

伺服(servo)驱动器是一种能够跟随指令信号的变化而动作的自动控制装置。根据实现的方法不同，可以分为机械随动(仿形)系统、液压伺服系统、电气伺服系统等，目前的数控机床均采用电气伺服系统。伺服驱动器能放大控制信号，具有输出功率的能力，还能根据数控装置发出的控制信息对机床移动部件的位置和速度进行控制。

伺服驱动器是数控机床的关键部件，直接影响数控加工的速度、位置、精度等。伺服机构中常用的驱动装置随控制系统的不同而不同。开环系统的伺服机构常用步进电动机和电液脉冲电动机；闭环系统常用的有宽调速直流电动机和电液伺服驱动装置等。目前大部分采用直流或交流伺服电动机作为执行机构。

位置检测装置是数控机床为提高加工精度而采取的必要措施，数控系统直接获取坐标轴的位移量，使控制更准确，有利于提高机床的加工精度。数控系统获取坐标轴的位置信号是为了与程序预定的位移量进行比较，以纠正运动控制过程中可能产生的误差。

2.1.4 辅助控制装置

辅助控制装置的主要作用是接收数控装置输出的主运动换向、变速、启停、刀具的选择和交换，以及其他辅助装置等发出的指令信息，经过必要的编译、逻辑判别和运算，经功率放大后直接驱动相应的元器件，使之驱动机床机械部件以及液压、气动等辅助装置完成指令规定的动作。

2.1.5 机床本体

机床本体是数控机床的主体，由机床床身和各运动部件(如工作台、床鞍、主轴等)组成，

是完成各种切削加工的机械部分,用数控装置和伺服系统可对其进行位移、角度和各种开关量的控制。机床本体具有以下特点:

(1) 数控机床采用了高性能的主轴、伺服传动系统和机械传动装置。

(2) 数控机床的机械结构具有较高的刚度、阻尼精度和耐磨性。

(3) 数控机床采用高效传动部件,如滚珠丝杠副、直线导轨。

与传统的手动机床相比,数控机床的外部造型、整体布局、传动系统、刀具系统等部件结构及操作机构等方面已经发生了很大的变化,既满足了数控机床的要求又充分发挥了数控机床的特点。

2.2　数控编程基础

2.2.1　数控程序的编制步骤

数控机床加工零件时,首先要根据零件图,按规定程序的格式将加工零件的全部工艺过程、工艺参数、位移资料和方向及操作步骤等以数字信息的形式编写程序,然后把程序记录在磁盘内,再输入数控装置。数控装置将输入的信息进行运算处理后,转换成驱动伺服驱动器的指令信号,最后由伺服驱动器控制机床的各种动作,自动加工出零件。

数控机床程序的编制步骤为:分析零件图、编制工艺、计算运动轨迹、编写加工程序、输入程序、程序校验和试加工。从分析零件图开始到零件加工完毕的整个过程如图 2-2 所示。

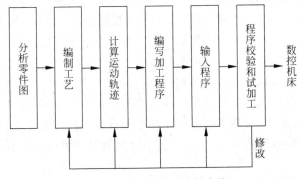

图 2-2　数控程序的编制步骤

1. 分析零件图

正确分析零件图,确定零件的加工位置,根据零件图的技术要求分析零件的形状、基准面、尺寸公差和表面粗糙度要求,以及加工面的种类、零件的材料和热处理等其他技术要求。

2. 编制工艺

确定零件是否适宜在数控机床上加工,确定零件的加工方法、加工顺序、定位、夹紧方式、工步顺序,合理选用刀具及切削用量等,还应充分发挥所用数控机床的指令功能,要求走刀路线要短、走刀次数和换刀次数尽可能少、加工安全可靠等。

3．计算运动轨迹

数控机床对零件的加工是按照零件的几何图形分段进行的,编程前需要对零件的几何图形进行分析,并根据工件坐标系对几何元素之间的交点、切点、节点、圆心坐标等进行坐标值的计算,以便编程时使用。

4．编写加工程序

按照已经确定的加工顺序、走刀路线、所用刀具、切削用量及辅助动作,以及所用数控机床规定的功能指令代码及程序段格式,逐段编写加工程序单,使用数控代码描述加工过程。此外,还应附上必要的加工工步卡、加工工序卡及必要的说明。

5．输入程序

比较简单或短的程序使用一次时可以用手动输入数据(manual data input,MDI)模式。比较复杂的或较长的程序需输入磁盘,即将程序的内容直接存储到磁盘等,再输入数控装置。如果是自动编程,可以将零件加工程序由计算机通过通信电缆直接输入数控机床。

6．程序校验和试加工

输入的程序必须进行校验,启动数控机床,锁定主轴及其他轴,按照输入的程序进行空运转,以检查程序的正确性。程序校验中若发现程序错误、坐标值错误、几何图形错误必须进行修改。程序校验之后,必须进行零件试加工,即用实际的零件毛坯、实际的刀具及切削用量进行实际切削检查。零件试加工时,应使用软材料代替零件材料进行试切削,可以采用塑料、木材、有色金属等作为替代物,从而直观地检查机床运动轨迹的正确性。试加工不仅可以查出程序的错误,还可以知道加工精度、表面粗糙度是否符合要求。当发现尺寸超差时,应分析原因,采用修改程序、改换调整刀具、改变零件的装夹方式、进行尺寸补偿等方法进行调整。零件试加工完成无误后,方可进行正式加工。

2.2.2　数控程序的编制方法

数控机床使用的程序是按一定的代码格式编制的,一般称为加工程序。目前,常用的零件加工程序编制方法主要有以下两种。

1．手工编程

手工编程是指利用一般的计算工具,通过各种数学方法,人工进行刀具轨迹的运算,并完成程序的编制。这种方法比较简单,很容易掌握,适用于中低等复杂程度、计算量不大的零件编程。数控车床一般采用手工编程。

2．自动编程

利用通用的计算机及专用的自动编程软件,以人机对话的方式确定加工对象和加工条件,自动进行运算和生成程序。形状简单(轮廓由直线和圆弧组成)的零件采用手工编程可以满足要求,但对于曲线轮廓、三维曲面等复杂型面一般采用计算机自动编程。

自动编程是利用计算机辅助设计(computer aided design,CAD)软件设计出零件图形,形成零件的图形文件,目前市场上广泛使用 UG CAM、CAXA CAM、MastercAM 等自动编程软件。根据 CAD 软件完成的产品设计文件中的零件图形文件,可用 CAM 自动编程软件的数控编程模块进行刀具轨迹处理,即由 CAM 自动编程软件自动对零件加工轨迹的每一节点进行运算和数学处理,从而生成程序文件,再经相应的后置处理(post processing),自动生成相应数控机床的数控加工程序,并可在 CAM 自动编程软件中动态地显示刀具的加工轨迹图形,方便检查轨迹错误。

自动编程大大提高了数控编程的效率,把从设计到编程的信息流连接起来,实现了CAD/CAM 技术的集成,为实现计算机辅助设计(CAD)和计算机辅助制造(computer aided manufacturing,CAM)一体化建立了必要的桥梁。因此,图形交互式自动编程是目前国内外在 CAD/CAM 技术中普遍采用的数控编程方法,生产中习惯性地称为 CAM 自动编程。

2.2.3　数控加工工艺分析

数控加工工艺是加工时的指导性文件。由于普通机床受控于操作工人,因此,在普通机床上用的加工工艺实际上只是一个工艺过程卡,机床的切削用量、走刀路线、工序、工步等往往由操作工人自行选定。数控加工的程序是数控机床的指令性文件,而数控机床受控于程序指令,加工的全过程按程序指令自动进行。因此,数控加工程序与普通机床工艺规程有较大差别,涉及的内容也较广。数控机床加工程序不仅包括零件的工艺过程,还包括切削用量、走刀路线、刀具尺寸及机床的运动过程。因此,要求编程人员对数控机床的性能、特点、运动方式、刀具系统、切削规范及零件的装夹方法非常熟悉。工艺方案是否合理不仅会影响机床效率的发挥,还将直接影响零件的加工质量。

数控加工工艺卡的内容包括:

(1)选择适合在数控机床上加工的零件,确定工序内容。

(2)分析被加工零件的图纸,明确加工内容及技术要求。

(3)确定零件的加工方案,制定数控加工工艺路线,如划分工序、安排加工顺序、处理与非数控加工工序的衔接等。

(4)设计加工工序,如选取零件的定位基准、确定夹具方案、划分工步、选取刀辅具、确定切削用量等。

(5)调整数控加工程序,如选取对刀点、换刀点,确定刀具补偿,确定加工路线等。

(6)分配数控加工中的误差。

(7)处理数控机床上的部分工艺指令。

2.3　数控车床编程

目前,数控车床是应用最广泛的数控机床之一,主要用于加工轴类、盘类等回转体零件。通过数控加工程序的运行,可自动完成内外圆柱面、圆锥面、成形表面、螺纹和端面等工序的切削加工,并能进行车槽、钻孔、扩孔、铰孔等工作。数控车床在一次装夹中能完成多个表面的连续加工,主切削运动是零件的旋转,它具有更强的通用性和灵活性,以及更高的加工效率和加工精度,特别适合复杂形状零件的加工。

2.3.1 数控车床编程基础

1. 数控车床的机床坐标系

机床坐标系是机床上固有的坐标系,并设有固定的坐标原点。机床坐标系是制造和调整机床的基础,也是设置工件坐标系的基础。一般机床每次通电后,首先进行回零(也叫返回机床原点),然后建立机床坐标系。

数控车床的机床坐标系以径向为 X 轴,轴向为 Z 轴,其中从主轴箱指向尾架的方向为 Z 轴的正方向。对于刀架后置式的车床,X 轴的正向由轴心指向后方,如图 2-3(a)所示;对于刀架前置式的车床,X 轴的正向由轴心指向前方,如图 2-3(b)所示。由于车削加工是围绕主轴中心前后对称的,因此无论是前置式的还是后置式的,X 轴指向前、后对编程来说并无差别。本书的数控车床编程皆按图 2-3(b)所示的前置式方式表示。

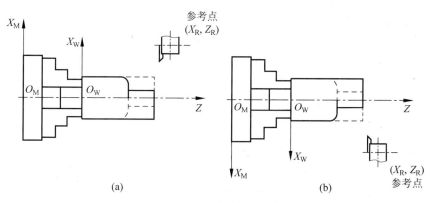

图 2-3 数控车床的机床坐标系

2. 数控车床的工件坐标系

工件坐标系也叫编程坐标系,是为了确定加工时零件在机床中的位置而建立的。工件坐标系采用与机床坐标系一致的方向。X 轴和 Z 轴坐标值按绝对坐标编程时,使用代码 X 和 Z;按增量坐标编程时,使用代码 U 和 W。在零件的程序或程序段中,可以按绝对坐标编程或增量坐标编程,也可以用绝对坐标与增量坐标混合编程。

3. 数控车床的直径编程方式

由于车削加工图上的径向尺寸及测量的径向尺寸使用的是直径值,因此在数控车削加工程序中,X 及 U 的坐标值一般也采用直径值,按绝对坐标编程时 X 为直径值,按增量坐标编程时 U 为径向实际位移值的 2 倍。采用直径尺寸编程与零件图中的尺寸标注一致,这样可以避免尺寸换算过程中可能造成的错误,给编程带来很大的方便。

2.3.2　数控车床加工方案

1. 确定数控车床的加工路线

数控车床从装夹零件到加工完成,每一个工步的加工过程必须十分清晰,还要考虑每一个工步的切削用量、走刀路线位置、刀具尺寸等相关加工参数,因此必须根据数控车床的特性、运动方式等合理制定零件加工工艺。制定数控车床的加工方案包括制定工艺路线、工序、工步及走刀路线等。制定加工路线的一般原则为先粗后精、先近后远、先内后外、程序段最少和走刀路线最短等,若是特殊情况则需特殊处理。

1）先粗后精

在车削加工中,应先安排粗加工工序。在较短的时间内,采用大切削量加工,一般用于完成毛坯的粗加工,从而提高生产效率,同时应满足精加工的余量均匀性要求,以保证零件的精加工质量。在数控车床的精加工工序中,最后一刀的精加工应走刀连续一次加工而成。切削刀具的进刀、退刀方向也要全面考虑,应尽可能地不在连续的轮廓中安排刀具的切入、切出和停顿等动作,以免因切削力的突然变化造成弹性变形,使光滑连接的轮廓上产生表面划伤、滞留刀痕或尺寸精度不同等缺陷。

2）先近后远

一般情况下,在数控车床的加工中,通常安排离刀具起点近的部位先加工,离刀具起点远的部位后加工。这样不仅可以缩短刀具的移动距离,减少空运行,提高效率,还有利于保证零件的刚性,改善切削条件。

3）先内后外

在加工既有内表面（内孔）又有外表面的零件时,通常应先安排加工内表面,然后加工外表面。这是因为当加工内表面时,容易受刀具刚性较差及零件刚性不足的影响,使刀具振动加大,从而难以控制其内表面的尺寸和表面形状的精度。

4）走刀路线最短

在数控车床上确定走刀路线,主要是指粗车加工和空运行的走刀路线。在保证加工质量的前提下,使加工程序走刀路线最短,不仅可以节省整个加工过程的时间,还能减少车床的磨损等。

2. 数控车床切削参数

数控车床加工的切削用量是表示机床主体的主运动和进给运动速度大小的重要参数,包括切削深度、主轴转速和进给速度。在加工程序的编制工作中,选择合理的切削用量,使切削深度、主轴转速和进给速度三者间相适应,形成最佳切削参数是工艺处理的重要内容。

1）切削深度的确定

切削深度也叫背吃刀量,在车床主体、夹具、刀具、零件等系统刚性允许的条件下,粗加工时应尽可能选取较大的切削深度,以减少走刀次数,提高生产效率。当零件的精度要求较高时,应适当留出精车余量,一般常留 0.1～0.5 mm。

2) 主轴转速的确定

除螺纹加工外,主轴转速的确定方法与普通车削加工时的一样,应根据零件被加工部位的直径、零件和刀具的材料及加工性质等条件允许的切削速度来确定。在实际生产中主轴转速的计算公式为

$$n = 1\,000v/\pi d \qquad\qquad (2\text{-}1)$$

式中,n 为主轴转速,r/min;v 为切削速度,m/min;d 为零件待加工表面的直径,mm。

车螺纹时,根据加工材料、刀具材料以及刀具耐磨程度选择合理的主轴转速。主轴转速 n(r/min)选择范围的公式为

$$n \leqslant \frac{1\,000P}{\pi d}$$

式中,P 为螺距。

3) 进给速度的确定

在确定主轴转速时,需要先确定切削速度,切削速度与进给量有关。

(1) 进给量的确定。进给量是指零件每转动 1 周时,车刀沿进给方向移动的距离(mm/r),它与切削深度有着较密切的关系。一般粗车时取为 0.3～0.8 mm/r,精车时取 0.1～0.3 mm/r,切断时取 0.05～0.2 mm/r。

(2) 切削速度的确定。车削时,车刀切削刃上某点相对待加工表面在主运动方向上的瞬时速度,即为切削速度,又称为线速度。切削速度 v(m/min)的计算公式为

$$v = \frac{\pi d n}{1\,000}$$

2.3.3　数控车床基本指令

数控车床的加工动作在加工程序中用指令的方式规定,这些指令有 G 功能(准备功能)、M 功能(辅助功能)、T 功能(刀具功能)、S 功能(主轴功能)和 F 功能(进给功能)等。目前,我国使用的各种数控机床和数控系统的指令代码的定义尚未完全统一,G 功能或 M 功能在不同系统中的含义不完全相同,因此,编程人员在编程前必须仔细阅读所使用数控系统的编程说明书。本书主要以 FANUC 0i-TF 系统为例介绍数控车床编程。

1. G 功能

G 功能称为 G 代码,是用来指令机床动作方式的功能。FANUC 0i-TF 系统的 G 功能常用 G 代码见表 2-1。

1) G00 快速定位

G00 指令的功能是使刀具以点位控制方式从刀具所在点快速移动到目标点,快速定位,不进行切削加工,移动速度是机床设定的空行程速度。

格式:G00　X(U)__Z(W)__;

其中,X(U)、Z(W)是目标点的坐标。

表 2-1　常用 G 代码

G 代码	组	功　　能
G00		快速定位
G01	01	直线进给
G02		顺时针圆弧进给
G03		逆时针圆弧进给
G04	00	暂停
G28		
G32	01	单一螺纹车削循环
G40	07	取消刀尖半径补偿
G41		刀尖半径左补偿
G42		刀尖半径右补偿
G50	00	设定主轴最高转速
G70	01	精车循环
G71		外圆粗车循环
G72		端面粗车循环
G73		复合粗车循环
G76		复合螺纹车削循环
G90	01	单一外圆车削循环
G92		螺纹车削循环
G94		单一端面车削循环
G96	00	设定主轴线速度恒定
G97		设定主轴角速度恒定
G98	05	每分钟进给
G99		每转进给

注意：00 组的 G 代码为一次性 G 代码；同组 G 代码不能在同一程序段。

2）G01 直线进给

G01 指令的功能是使刀具按指定的进给速度从所在点直线移动到目标点。

格式：G01　X(U)_Z(W)_F_；

其中，X(U)、Z(W)是目标点的坐标；F 是进给速度，单位是 mm/r。

3）G02、G03 圆弧进给

G02 指令的功能是顺时针圆弧进给，G03 指令的功能是逆时针圆弧进给。由于 X 轴和 Z 轴正方向的规定，加工圆弧的方向如图 2-4 所示。

格式：G02　X(U)_Z(W)_R_F_；
　　　G03　X(U)_Z(W)_R_F_；

其中，X(U)、Z(W)是目标点的坐标；R 表示圆弧半径，R 为正值时圆弧不大于 180°，R 为负值时圆弧不小于 180°。

4）G04 暂停

G04 指令的功能是使刀具做短时间停顿，无进给，原地转动对零件进行光整，一般适用于钻孔、车槽、车螺纹等。

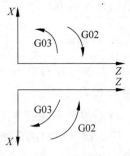

图 2-4　加工圆弧的方向

格式：G02　X__；

　　　　G02　P__；

其中，X 用于指定时间，可以用小数点，单位为 s；P 用于指定时间，不能用小数点，单位为 ms。

5）G32 单一螺纹车削循环

G32 指令的功能是简单重复的等螺距圆柱或圆锥螺纹车削循环。

格式：G32　X(U)__Z(W)__F__；

其中，X(U)、Z(W) 是螺纹车削的终点坐标值，当 X 省略时为圆柱螺纹车削，当 Z 省略时为端面螺纹车削，当 X、Z 均不省略时为车削锥螺纹，F 为螺纹的导程。当加工锥螺纹时，斜角 α 在 45° 以下为 Z 轴方向的螺纹导程；斜角 α 在 45° 以上为 X 轴方向的螺纹导程。

加工螺纹时，零件的旋转与丝杠的进给运动建立严格的速度比，即主轴旋转一圈，刀具进给一个螺距。

三角形普通螺纹的牙型高度计算公式为

$$h = 0.649\,5P \tag{2-2}$$

式中，P 为螺距。

当牙型较深、螺距较大时，可分次进给，每次进给的切削深度用螺纹深度减去精加工切削深度的差以递减规律分配。常用公制螺纹切削的进给次数与切削深度见表 2-2。

表 2-2　常用公制螺纹车削的进给次数与切削深度（双边）　　　mm

螺距		1.0	1.5	2.0	2.5	3.0	3.5	4.0
牙深		0.649	0.974	1.299	1.624	1.949	2.273	2.598
切削深度和切削次数	1 次	0.7	0.8	0.9	1.0	1.2	1.5	1.5
	2 次	0.4	0.6	0.6	0.7	0.7	0.7	0.8
	3 次	0.2	0.4	0.6	0.6	0.6	0.6	0.6
	4 次		0.16	0.4	0.4	0.4	0.6	0.6
	5 次			0.1	0.4	0.4	0.4	0.4
	6 次				0.15	0.4	0.4	0.4
	7 次					0.2	0.4	0.4
	8 次						0.15	0.3
	9 次							0.2

6）G40、G41、G42 半径补偿

编程时，通常将车刀刀尖作为一个点来考虑，但实际上刀尖存在圆角，如图 2-5 所示。当按理论刀尖点编制的程序进行端面、外径、内径等与主轴轴线平行或垂直的表面加工时，不会产生误差。但进行倒角、锥面及圆弧加工时，会产生少切或过切的现象，如图 2-6 所示。

采用刀尖半径补偿功能后，仍按照零件轮廓编制程序，按刀心轨迹运动，从而消除了刀尖圆弧半径对零件形状的影响，如图 2-7 所示。

G40 指令的功能是取消刀尖半径补偿；G41 指令的功能是刀尖半径左补偿，从刀尖的运动方向看，刀具在零件的左边，如图 2-8（a）所示；G42 指令的功能是刀尖半径右补偿，从刀尖的运动方向看，刀具在零件的右边，如图 2-8（b）所示。半径补偿时，在刀具补偿参数界面的刀尖半径补偿处输入该刀具的刀尖半径值，G41 和 G42 必须和 G00 或 G01 一起使用。

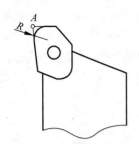

图 2-5　刀尖示意图

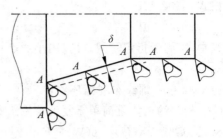

图 2-6　车削误差示意图

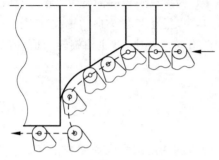

图 2-7　补偿后的刀尖轨迹

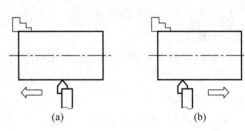

图 2-8　刀具补偿方向示意图

7）G70 精车循环

由 G71、G72、G73 完成粗加工后，后面可以用 G70 指令，G70 指令的功能是进行精加工。精加工时，G71、G72、G73 程序段中的 F、S、T 指令无效，只有在 ns→nf 程序段中的 F、S、T 才有效。

格式：G70 P(ns) Q(nf)；

其中，ns 为精加工轮廓程序段开始的程序段号，nf 为精加工轮廓程序段结束的程序段号。

如果在 G71、G72、G73 程序应用示例中，nf 程序段后加上 G70 程序段，并在 ns→nf 程序段中加上精加工适用的 F、S、T，就可以完成从粗加工到精加工的全过程了。

8）G71 外圆粗车循环

G71 指令的功能是一种复合外圆粗车循环，适用于圆柱长度与直径之比较大，需多次走刀才能完成的粗加工，如图 2-9 所示。

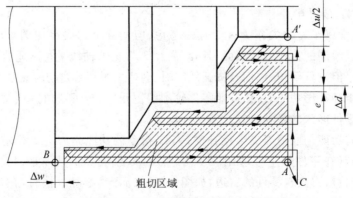

图 2-9　G71 复合外圆粗车循环示意图

格式：G71 U(Δd) R(e)；

G71 P(ns) Q(nf) U(Δu) W(Δw) F(f) S(s) T(t)；

其中，Δd 为切削深度(也叫背吃刀量)；e 为退刀量；ns 为加工轮廓程序段中开始程序段的段号；nf 为加工轮廓程序段中结束程序段的段号；Δu 为 X 轴向精加工余量；Δw 为 Z 轴向精加工余量；f、s、t 为 F、S、T 代码。ns→nf 程序段中的 F、S、T 功能即使被指定，对粗车循环也无效。零件轮廓起始运动方向必须在 X 轴或 Z 轴方向单一增大或减小；若零件轮廓起始运动方向在 X 轴或 Z 轴方向非单一增大或减小时，ns→nf 程序段的第一条指令必须在 X 轴或 Z 轴方向单一运动。

9) G72 端面粗车循环

G72 指令的功能是一种端面粗车循环，适用于圆柱长度与直径之比较小，需多次走刀才能完成的粗加工，X 轴余量大的棒料粗加工，如图 2-10 所示。它与外圆粗车循环的区别是切削方向与 X 轴平行。

格式：G72 U(Δd) R(e)；

G72 P(ns) Q(nf) U(Δu) W(Δw) F(f) S(s) T(t)；

其中，Δd 为切削深度；e 为退刀量；ns 为精加工轮廓程序段中开始程序段的段号；nf 为精加工轮廓程序段中结束程序段的段号；Δu 为 X 轴精加工余量；Δw 为 Z 轴精加工余量；f、s、t 为 F、S、T 代码。ns→nf 程序段中的 F、S、T 功能即使被指定，对粗车循环也无效。零件轮廓起始运动方向必须在 X 轴或 Z 轴方向单一增大或减小。

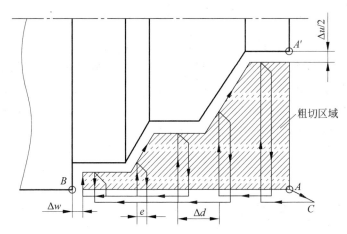

图 2-10　G72 复合端面粗车循环

10) G73 复合粗车循环

G73 指令的功能是一个闭环复合车削循环，在切削零件时刀具轨迹是个闭合回路，刀具逐渐进给，使封闭的切削回路逐渐趋近零件的最终形状，完成零件的加工。此指令能够对铸造、锻造等粗加工已初步成形的零件进行高效率切削。对零件轮廓的起始运动方向的单一性没有要求，如图 2-11 所示。

格式：G73 U(i) W(k) R(d)；

G73 P(ns) Q(nf) U(Δu) W(Δw) F(f) S(s) T(t)；

其中，i 为 X 轴总退刀量(半径值)；k 为 Z 轴总退刀量；d 为重复加工次数；ns 为精加工轮廓程序段中开始程序段的段号；nf 为精加工轮廓程序段中结束程序段的段号；Δu 为 X 轴精加工余量；Δw 为 Z 轴精加工余量；f、s、t 为 F、S、T 代码。如图 2-11 所示，该指令在切削零件时，刀具轨迹是一个封闭回路，其运动轨迹为 $A \to A_1 \to A_1' \to B_1 \to A_2 \to A_2' \to B_2 \to \cdots \to A \to A' \to B \to A$。

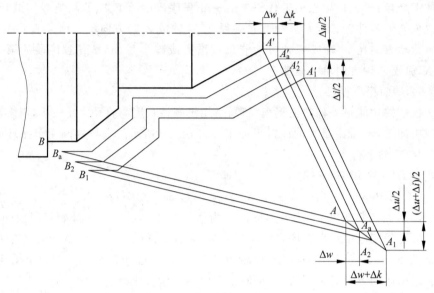

图 2-11　G73 复合固定形状粗车循环

11）G76 复合螺纹车削循环

G76 指令的功能是复合螺纹车削循环，可以完成一个螺纹段的全部加工，螺纹车削循环的轨迹如图 2-12 所示，螺纹车削循环的切削深度如图 2-13 所示。

格式：G76 P$(m)(r)(\alpha)$ Q$(\Delta d_{\min})$ R(d)；

　　　G76 X(U)Z(W)R(I)F(f)P(k)Q(Δd)；

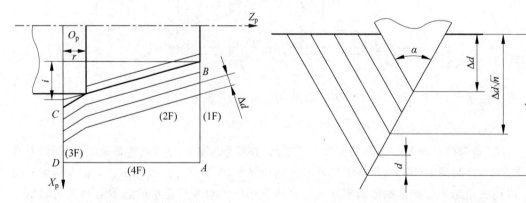

图 2-12　G76 螺纹车削循环的车削轨迹　　　　图 2-13　G76 螺纹车削循环的切削深度

其中，m 为精加工重复次数（1~99）；r 为倒角量，其值为螺纹导程 L 的倍数（在 0~99 中选值）；α 为刀尖角，可在 80°、60°、55°、30°、29°、0° 中选择，由两位数规定；$\Delta d_{\min}$ 为最小切入量；d 为精加工余量；X(U)、Z(W) 为终点坐标；I 为螺纹部分的半径之差，即螺纹切削起点与切削终点的半径差(加工圆柱螺纹时,$I=0$；加工圆锥螺纹时,当 X 轴向切削起点的坐标小于切削终点的坐标时,I 为负,反之为正)；k 为螺牙的高度(X 轴向的半径值)；Δd 为第一次切入量(X 轴向的半径值)；f 为螺纹导程。G76 指令段含有 X(U)、Z(W) 才能实现循环加工。该循环下可进行单边切削,从而减少刀尖受力。第 1 次切削深度为 Δd,第 n 次切削深度为 $\Delta d \sqrt{n}$,使每次切削循环的切削量保持恒定。

12) G90 单一外圆车削循环

G90 指令的功能是单一外圆车削循环。图 2-14 所示为车削圆柱面时的内(外)径切削循环指令的运行轨迹,该指令可使刀具从循环起点 A 走矩形轨迹,回到 A 点,然后进刀,再按矩形轨迹循环,依次类推,最终完成圆柱面车削。执行该指令的刀具刀尖从循环起点(A 点)开始,经 $A \rightarrow B \rightarrow C \rightarrow D \rightarrow A$ 四段轨迹,其中,AB、DA 段采用快速移动速度,BC、CD 段按指令速度 F 移动。

格式：G90　X(U)＿Z(W)＿F＿；

其中,X(U)、Z(W)是目标点的坐标,F 是进给速度。

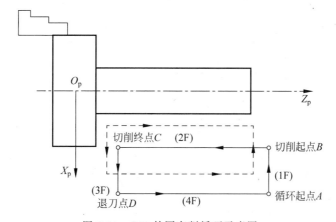

图 2-14　G90 外圆车削循环示意图

单一带锥度的内(外)径切削循环指令如图 2-15 所示。该指令可使刀具从循环起点 A 开始走直线轨迹,刀具的刀尖从循环起点 A 开始,经 $A \rightarrow B \rightarrow C \rightarrow D \rightarrow A$ 四段轨迹,按指令速度 F 移动,空行程采用快速移动速度(R),依次类推,最终完成圆锥面的车削。

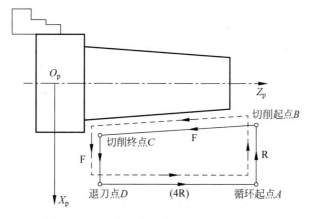

图 2-15　G90 带锥度的外圆车削循环示意图

格式：G90　X(U)＿Z(W)＿R＿F＿；

其中，X(U)、Z(W)是目标点的坐标；R为圆锥面切削的起点相对于终点的半径差，如果切削起点的X向坐标小于终点的X向坐标，R值为负，反之为正；F是进给速度。

13）G92螺纹车削循环

G92指令的功能是简单重复的等螺距圆柱或圆锥螺纹车削循环。

格式：G92　X(U)＿Z(W)＿R＿F＿；

其中，X(U)、Z(W)为螺纹切削的终点坐标；R为螺纹部分的半径之差，即螺纹切削起点与切削终点的半径差；F为螺纹导程，空行程采用快速移动速度(R)，如图2-16所示。加工圆柱螺纹时，R=0；加工圆锥螺纹时，当X轴向切削起点的坐标小于切削终点的坐标时，R为负，反之为正。

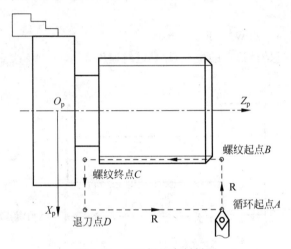

图2-16　G92螺纹车削循环

14）G94单一端面车削循环

G94指令的功能是单一圆柱端面车削循环。如图2-17所示，该指令可使刀具从循环起点A开始走直线轨迹，刀具的刀尖从循环起点A点开始，经A→B→C→D→A四段轨迹，依次类推，最终完成圆柱端面的车削。

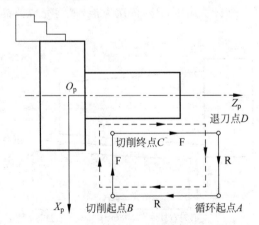

图2-17　G94端面车削循环示意图

格式：G94 X(U)_Z(W)_F_；

其中，X(U)、Z(W)是目标点的坐标，F是进给速度。

单一带锥度的端面车削循环指令如图 2-18 所示。该指令可使刀具从循环起点 A 走直线轨迹，刀具刀尖从循环起点 A 开始，经 A→B→C→D→A 四段轨迹，按加工速度 F 移动，空行程采用快速移动速度(R)，依次类推，最终完成带锥度的端面车削。

格式：G94 X(U)_Z(W)_R_F_；

其中，X(U)、Z(W)是目标点的坐标；R 为圆锥面切削的起点相对于终点的半径差，如果切削起点的 X 向坐标小于终点的 X 向坐标，R 值为负，反之为正；F是进给速度。

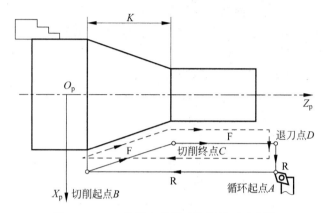

图 2-18 G94 带锥度的端面车削循环示意图

2. M 功能

M 功能也称为 M 代码，是用来指令数控车床辅助动作的一种功能。FANUC 系统的辅助功能常用的 M 代码见表 2-3。

表 2-3 常用 M 代码

代码	功　能	代码	功　能
M00	程序暂停	M08	切削液开
M01	选择停止	M09	切削液关
M02	程序结束	M30	程序结束并返回程序头
M03	主轴正转	M98	调用子程序
M04	主轴反转	M99	子程序结束并返回主程序
M05	主轴停止		

这里重点介绍 M98 调用子程序指令。当某一段程序反复出现时，可以把这段程序设置为子程序，按一定的格式单独加以命名作为子程序，编程需要时可调用，主程序简洁不容易出错。

格式：M98 P××××××××；

其中，P 后面的前 4 位为重复调用次数，省略时则表示调用一次；后 4 位为子程序号。

3. F 功能

F 功能是进给速度的功能,有 3 种形式。数控车床默认设置为 G99。

(1) G99 表示每转进给量(mm/r)。

格式: G99　F__;

例如: G99　F0.2;表示每转进给量为 0.2 mm。

(2) G98 表示每分钟进给量(mm/min)。

格式: G98　F__;

例如: G98　F2;表示每分钟进给量为 2 mm。

(3) G32、G76、G92 表示切削螺纹的进给速度以螺纹的螺距来计量(mm/r)。

格式: G32　X(U)__Z(W)__F__;

　　　G76　X(U)__Z(W)__F__;

　　　G92　X(U)__Z(W)__F__;

切螺纹时,系统默认设置为 G99。

4. T 功能

T 功能是指定刀具及工件的坐标系。

格式: T××××;

其中,前两位为刀具序号,后两位为工件坐标系号。

(1) 刀具序号与刀盘上的刀位号必须对应。

(2) 刀具序号与工件坐标系号不必相同,为了使用方便,一般把刀具序号与工件坐标系号设置成一致。

5. S 功能

S 功能是设定主轴转速的指令,与主轴转速(G50,G96,G97)配合使用。

(1) G50 设定主轴最高转速。

格式: G50　S__;设定主轴最高转速,单位为 r/min。

(2) G96 设定主轴线速度恒定。

格式: G96　S__;设定主轴线速度,单位为 m/min。

(3) G97 设定主轴角速度恒定。

格式: G97　S__;设定主轴角速度,单位为 r/min。

2.3.4　数控车床操作面板

数控系统是数控车床的核心部件,能够车削复杂多样的零件,下面以安装 FANUC 0i-TF 数控系统的数控车床为例进行讲述。

1. 数控车床操作面板

数控车床操作面板由上、下两部分组成,上部分为 FANUC 数控系统操作面板,下部分为机床操作面板。数控系统操作面板也称为 CRT 面板,如图 2-19 所示。数控系统操作面板上各键的名称和功能见表 2-4。

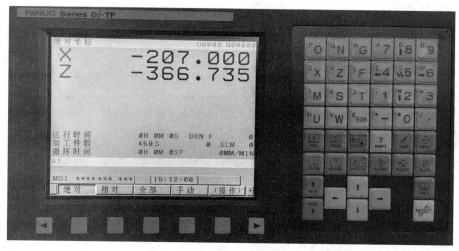

图 2-19 数控系统操作面板

表 2-4 数控系统操作面板上各键的名称和功能

类 别	键 图	键 名	功 能
编辑键	ALERT	替换键	输入数据替换光标位置的数据
	INSERT	插入键	输入数据插入光标后的位置
	DELETE	删除键	删除光标位置的数据和程序
	CAN	取消键	删除已输入缓冲区的最后一个字符
	SHIFT	切换键	同一个键上下字符转换
功能键	POS	位置键	显示位置界面
	OFFSET SETTING	参数输入键	显示参数设置界面
	SYSTEM	系统参数键	显示系统参数界面
	MESSAGE	信息键	显示报警信息
	CUSTOM GRAPH	图形设置键	显示图形界面
	PROG	程序键	显示程序界面
复位键	RESET	复位键	数控系统复位和取消报警
输入键	INPUT	输入键	把字符输入缓冲区
移动键	←↑↓→	移动键	用于光标移动
翻页键	PAGE↑ PAGE↓	翻页键	用于前后翻页
帮助键	HELP	帮助键	显示如何操作机床

2. 数控车床的机床操作面板

数控车床的机床操作面板如图 2-20 所示,面板上的各个开关和功能键用于控制数控车床的动作,其操作功能见表 2-5。

图 2-20　数控车床的机床操作面板

表 2-5　数控车床的机床操作面板功能

按　键	名　称	功　能
	NC 电源启动按钮	打开机床总电源,按此按钮后数控系统的显示器屏幕点亮
	NC 电源关闭按钮	按此按钮切断数控系统电源,在机床总电源断电前,必须先关闭数控系统电源
	程序保护锁	防止零件程序被修改,当程序保护锁锁上时,程序禁止修改
	急停键	按下该键后,切断主轴及伺服系统的电源,弹开后解除
	自动模式	自动执行加工程序
	编辑模式	编辑零件程序
	MDI 模式	可以输入并执行程序;当选择【SYSTEM】时,按下【PARAM】键,可以设定和修改参数
	在线加工模式	在线执行加工程序
	回零	手动模式下,进行 X、Z 轴回零
	JOG 模式	手动模式下,进行 X、Z 轴连续进给
	手轮模式	手轮模式下,进行 X、Z 轴微量进给

按　键	名　　称	功　　能
	单段按钮	自动模式下,按此按钮后,程序在执行过程中,每执行完一个程序段即停止,需再按一下循环启动来执行下一个程序段
	跳读按钮	自动模式下,按此按钮后,将程序段前带"/"的程序段跳过,不执行
	程序再启动按钮	自动模式下,操作停止后,程序从指定的程序段重新启动
	机械锁住按钮	按此按钮后,各轴不移动,但显示器屏幕上显示坐标值的变化
	空运行按钮	自动模式下,按此按钮,各轴不以编程速度而以手动进给速度移动。此功能通常用于空切检验刀具的运动
	循环启动按钮	MDI 模式或自动模式下,按此按钮自动运行程序
	保持进给按钮	自动模式下,按此按钮,轴运行暂停,但主轴不停;再按循环启动按钮,程序继续运行
	冷却启动按钮	按此按钮,冷却液喷出,且指示灯亮;再按此按钮,冷却停止,且指示灯灭
	排屑传送器启动按钮	按此按钮,排屑传送器启动,且指示灯亮;再按此按钮,排屑传送器停止,且指示灯灭
	刀具调整按钮	手动模式下,按此按钮,可以调节刀具的位置
	正方向按钮	手动模式下,按住此按钮,使所选择的坐标轴正向运动
	负方向按钮	手动模式下,按住此按钮,使所选择的坐标轴负向运动
	快速按钮	按此按钮,同时按正方向【+】或负方向【−】,可进行手动快速运动
	主轴正转按钮	手动模式下,按此按钮,主轴以一定的速度正向旋转。启动数控系统时,没有使用过主轴转速指令时,按此按钮主轴不转,使用过主轴转速指令时,主轴转速为最近使用过的主轴转速
	主轴反转按钮	手动模式下,按此按钮,主轴以一固定速度反向旋转
	主轴停止按钮	手动模式下,按此按钮,主轴停止
	JOG 进给倍率刻度盘	JOG 模式下,调节进给倍率,倍率值为 0～150%
	进给速度倍率旋钮	自动模式下,用程序指定的进给速度倍率;程序运行过程中可手动选择连续进给速度
	主轴转速倍率旋钮	自动或手动模式下,通过此开关来调整主轴的转速值
	手摇脉冲发生器	手轮模式下,旋转手摇脉冲发生器可移动选定的坐标轴
X　Z	坐标轴按钮	手动模式下,按一个坐标轴按钮,其指示灯亮,且选定该轴为移动的坐标轴

2.3.5　数控车床的基本操作

零件的加工程序编写完成后,即可操作机床加工零件。下面介绍数控车床的各种操作方法。

1. 机床的开启和停止

1）机床的开启

机床主电源开关接通前，操作者必须检查机床的防护门是否关闭，卡盘的夹持方向是否正确，润滑装置上油标的液面位置是否符合要求。当以上各项均符合要求时，方可接通电源。开启机床主电源开关则机床工作灯亮，冷却风扇启动，润滑泵和液压泵启动。按下机床操作面板上的【ON】键，接通电源，数控系统操作面板上出现机床的初始位置坐标。

2）机床的停止

无论手动还是自动运行状态，机床在加工零件时若遇有不正常情况，须紧急停止时，可采用以下 3 种方式来实现：

（1）按下【急停】键，除润滑油泵外，机床的动作及各种功能均被立即停止，同时，数控系统操作面板上出现报警信息。待故障排除后，顺时针转动按钮则【急停】键弹起，急停状态解除。但此时若要恢复机床的工作，必须返回机床参考点后方可操作。

（2）按下【复位】键，机床自动运转过程中的全部操作均停止，因此可完成急停操作。

（3）按下【进给保持】键，机床运动轴停止。

2. 手动操作

手动操作主要包括手动返回机床参考点和手动移动刀具。手动移动刀具包括 JOG 模式进给和手轮模式进给两种方式。

1）手动回零

因为一般机床采用增量式测量系统，因此一旦机床断电，数控系统就失去了对参考点坐标的"记忆"，再次接通数控系统的电源时，首先就是进行回零操作。另外，机床在运行过程中会遇到急停信号或超程报警信号，待故障解除后，也必须进行回零操作。

手动回零操作是用机床操作面板上的按钮将刀具移动到机床的参考点，操作步骤如下：在机床面板上选择【回零模式】；选择"坐标轴"，分别按【X】键和【Z】键，使刀具沿 X 轴和 Z 轴返回参考点，同时 X 和 Z 回零指示灯亮；若刀具距离参考点开关不足 30 mm 时，要首先选择【手轮模式】，通过"手轮"使刀架向负方向移动离开参考点，直到距离大于 30 mm，再进行回零操作。

2）JOG 模式进给

选择【JOG 模式】是手动连续进给。当手动调整机床或者刀具快速靠近、离开零件时，可以选择【JOG 模式】进行坐标轴进给。选择【JOG 模式】，按机床操作面板上的进给轴的方向开关，机床沿选定轴的选定方向移动，进给速度可用【JOG 模式】下的【进给倍率刻度盘】进行调节。其操作步骤如下：选择【JOG 模式】，使系统处于 JOG 模式；按进给轴和方向键【X】【Z】【+】【-】，机床沿选定轴的选定方向移动，在【X】【Z】【+】【-】键被按下时，机床以设定的进给速度移动，松开选定轴和方向时，机床便停止；在机床运行前或运行中选择【JOG 模式】，然后根据【进给倍率刻度盘】的实际需要调节进给速度。若同时按进给轴【X】或【Z】和【快进】键，则机床以快速移动速度运动，且在快速移动期间进给速度倍率旋钮有效。

3. 手轮进给

手动调整机床或试切削时,使用手轮调节刀尖的位置,其操作步骤如下:在机床操作面板上选择【手轮模式】,进入手轮操作的方式;按【手轮进给轴】键,选择机床要移动的轴【X】【Z】;选择【手轮进给速度倍率】,可选择移动倍率 0.001 mm、0.01 mm、0.1 mm。

4. 主轴的操作

主轴的操作包括主轴的启动和停止,主要用于调整刀具和调试机床,其操作步骤如下:主轴未动之前,在机床操作面板上选择【MDI 模式】,输入数控程序启动主轴,然后可以通过【复位】键停止主轴;再按主轴功能的【主轴正转】键或【主轴反转】键,主轴将正转或反转;按【主轴停止】键,主轴停转。

5. 自动运行

自动运行是机床自动执行编制的零件加工程序。将零件的加工程序输入数控系统,合理选择刀具和装夹零件,然后把各刀具的补偿值输入数控系统,经检查无误,可连续执行加工程序进行正式加工。自动运行的方式包括存储器运行、MDI 模式运行和 DNC 模式运行等。

1)存储器运行

存储器运行方式就是指将编制的零件加工程序存储在数控系统的存储器中,运行时调出预先存储的程序,执行程序即可使机床动作。当选定了一个程序并按机床操作面板上的【循环启动】键时,开始自动运行,且【循环启动】键灯亮。在自动运行期间,当按机床操作面板上的【进给暂停】键时,机床自动运行停止;再次按【循环启动】键时,机床恢复自动运行。其操作步骤如下:

(1) 在机床操作面板上选择【编辑模式】,进入程序编辑状态。

(2) 按数控系统操作面板上的【PROG】键,调出加工程序。

(3) 按数控屏幕下方的字母【O】键。

(4) 按数字键输入程序号。

(5) 按【O】键,这时被选择的程序显示在屏幕上。

(6) 在机床操作面板上选择【自动模式】,进入程序自动运行方式。

(7) 按机床操作面板上的【循环启动】键,机床开始自动运行。在运行中,若按【进给暂停】键,机床将减速停止运行;再按【循环启动】键,机床恢复运行。如果按数控系统面板上的【复位】键,自动运行结束并进入复位状态。

2)MDI 模式运行

MDI 模式是指用数控系统的键盘输入一组指令后,机床根据这个指令执行操作,执行的程序一次有效。MDI 模式运行用于简单的测试操作。在 MDI 模式中,用数控系统操作面板上的按键在程序显示界面可编制最多 10 行程序段(与普通程序的格式一样),然后执行程序。在 MDI 模式中建立的程序不能被存储。其操作步骤如下:

(1) 选择【MDI 模式】,进入 MDI 运行状态。

（2）按数控系统操作面板上的【PROG】键，屏幕上显示的界面如图 2-21 所示，自动生成"O0000"程序号。

（3）与普通程序编制方法类似，按要求编制要执行的程序即可。

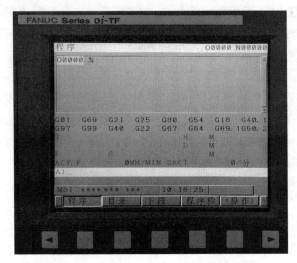

图 2-21　MDI 运行方式的程序输入界面

3）DNC 模式运行

DNC 模式是自动运行模式中的一种。DNC 模式运行时，它可以选择存储在外部 I/O 设备上的程序。

4）单段运行

通过逐段执行程序的方法来检验程序，其操作步骤如下：

（1）按机床操作面板上的【单段】键，进入单段运行方式。

（2）按【循环启动】键，执行一个程序段后机床停止。

（3）再按【循环启动】键，执行完下一个程序段后，机床停止。

（4）如此反复，直到执行完所有的程序段。

6. 程序的编辑

在编辑状态下创建新程序的操作步骤如下。

1）创建程序

（1）打开机床操作面板上的【程序保护】。

（2）在机床操作面板上选择【编辑模式】，进入编辑运行状态。

（3）按数控系统操作面板上的【PROG】键，数控屏幕上显示程序界面。

（4）使用数字键，输入程序号"O××××"，按【INSERT】键，则程序号被输入。

（5）按【EOB】键，则程序号后输入"；"。

（6）程序屏幕上显示新建立的程序名，在程序内容结束符"％"前输入程序内容。

（7）按编制的程序输入相应的字母和数字，按【INSERT】键，则程序段内容被输入。

（8）先按【EOB】键，再按【INSERT】键，则输入程序段结束符号"；"。

（9）依次输入各程序段，每输入一个程序段后，先按【EOB】键，再按【INSERT】键，直至全部程序段输入完成。

2）程序检索

（1）在机床操作面板上选择【编辑模式】，进入编辑运行状态。

（2）按数控系统面板上的【PROG】键，数控屏幕上显示程序界面，屏幕下方出现【程式】【DIR】键，默认进入的是程序界面，也可以按【DIR】键进入数控程序文件列表界面。

（3）按数控系统操作面板上的数字键，输入要检索的程序号。

（4）按数控系统操作面板上的【O】键，被检索到的程序显示在程序界面。如果按第（2）步的操作，按【DIR】键进入数控程序文件列表界面，那么这时可用【移动】键选择所要的程序，按【INSERT】键会自动切换到程序界面，并显示程序内容。

3）程序删除

（1）在机床操作面板上选择【编辑模式】，进入编辑状态。

（2）按数控系统操作面板上的【PROG】键，数控屏幕上显示程序界面。

（3）按数控系统操作面板上的【DIR】键，进入数控程序文件列表界面，即加工程序列表页。

（4）按数控系统操作面板上的数字键，输入要检索的程序号。

（5）按数控系统操作面板上的【DELETE】键，则输入程序号的程序被删除。

4）程序编辑

如果程序输入后发现错误，或者在程序检查中发现错误，必须对其进行修改。程序内容的编辑包括字符的插入、替换和删除。程序内容的编辑均在编辑模式下，并且已将所要编辑的程序显示在屏幕上。

"字符的插入"是将光标移到需要插入的后一位字符上，输入要插入的字母或数字；按数控系统操作面板上的【INSERT】键，输入要插入的字符，而光标位于插入字符的下一个字符上。

"字符的替换"是将光标移到需要替换的字符上，输入要替换的字符，按数控系统操作面板上的【ALTER】键，光标所在处的字符被替换，同时光标移到下一个字符上。

"字符的删除"是将光标移到需要删除的字符上，按数控系统操作面板上的【DELETE】键，光标所在处的字符被删除，同时光标移到被删除字符的下一个字符上。

"输入过程中的删除"是在输入过程中，即字符还在输入缓存区时，使用【CAN】键进行删除。每按一次【CAN】键则删除一个字母或数字。

7. 刀具补偿值的输入

为了保证加工精度和方便编程，在加工过程中必须进行刀具补偿。每个刀具的补偿量需要在加工前输入数控系统中，才能在程序运行中自动进行补偿，如图 2-22 所示。具体操作步骤如下：

（1）在机床操作面板上选择【JOG 模式】，进入手动状态。

（2）在数控系统操作面板上按【OFS/SET】键，显示【刀偏】【设定】【坐标系】的界面。

（3）按【刀偏】键，然后按【形状】键，显示出刀具补偿界面。

（4）用翻页键和移动键将刀具移动到所需设定或修改的补偿值处，或者输入所需设定或修改补偿值的补偿号并按【No. SRH】键。

（5）输入一个补偿值并按【INPUT】键，或者输入一个补偿值并按【MEASURE】键，则完成刀具补偿值的设定,显示新的设定值。

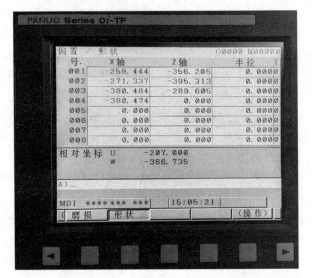

图 2-22 工件坐标系原点对刀值的设置

8. 对刀

对刀是数控车削加工前的一项重要工作,对刀的精度将直接影响加工程序的编制及零件的尺寸精度,因此它也是加工成败的关键因素之一。在数控车削加工中,为建立准确的工件坐标系,应先确定零件的加工原点,同时考虑刀具的不同尺寸对加工的影响,并输入相应的刀具补偿值。

1) 对刀术语

"刀位点"是指在加工程序编制中,用以表示刀具特征的点,也是对刀和加工的基准点。

"对刀"是将所选刀的刀位点尽量和零件的某一基准点重合,用来确定工件坐标系与机床坐标系的位置对应关系。对刀的实质是测量出各个刀具在工件坐标系中的坐标与机床坐标系中的坐标的对应关系,将各个刀具的刀尖统一到同一工件坐标系下的某个固定位置,使各刀尖点均能按同一工件坐标系指定的坐标移动。对刀后,各个刀具的刀位点与对刀基准点相重合的状况总有一定的偏差。因此,在对刀的过程中,可同时测定出各个刀具的刀位偏差(在进给坐标轴方向上的偏差大小与方向),以便进行自动补偿。

"对刀点"用于确定工件坐标系相对于机床坐标系的位置关系,是与对刀基准点相重合(或经刀具补偿后能重合)的位置。一般情况下,对刀点既是加工程序执行的起点,也是加工程序执行的终点。

2) 对刀方法

数控车床常用的对刀方法有 3 种,即试切对刀、机外对刀仪对刀(接触式)和自动对刀(非接触式)。

"试切对刀"是指在机床上使用相对位置进行手动对刀。试切对刀是基本的对刀方法,在实际生产中应用较多。使用刀具补偿功能的方法是将刀具刀尖位于工件坐标系原点时的机床坐标值设定为补偿量,直接输入刀具补偿存储器,然后通过指令"T0101"设定为工件坐

标系,如图 2-23 所示。具体的操作步骤如下:

(1) 选择【手动模式】,移动刀架至指定刀具切削面 A。

(2) 在 X 轴方向上退刀,不要移动 Z 轴,主轴停止。

(3) 计算工件坐标系的零点至面 A 的距离 β。

(4) 用下述方法将该值设为指定刀号 Z 轴方向的测量值:按数控系统操作面板上的【OFS/SET】键,然后按【刀偏】键,再按【形状】键,显示出刀具补偿界面,几何补偿值的界面如图 2-24 所示;将光标移动至设定的补偿号处;按字母【Z】键,然后输入测量值 β;按【MEASURE】键,则工件坐标原点 Z 的坐标值与机床坐标的对应值作为补偿量被设置给指定的刀具号。

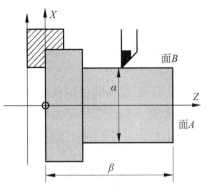

图 2-23　试切法对刀

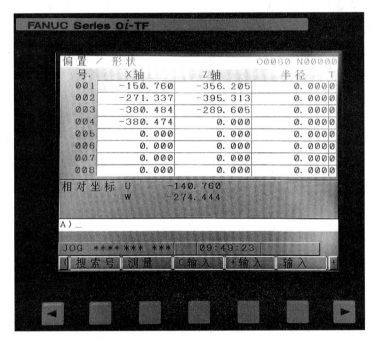

图 2-24　刀具补偿界面

(5) 在机床操作面板上选择【手动模式】,移动刀架至指定刀具切削面 B。

(6) 在 Z 轴方向上退刀,不要移动 X 轴,主轴停止。

(7) 测量轴 B 的直径 α。

(8) 用下述方法将该值设为指定刀号 X 轴方向的测量值:按数控系统操作面板上的【OFS/SET】键,然后按【刀偏】键,再按【形状】键,显示刀具补偿界面,几何补偿值的界面如图 2-24 所示;将光标移动至设定的补偿号处;按字母【X】键,然后输入测量值 α;按【MEASURE】键,则工件坐标原点的 X 坐标值与机床坐标的对应值作为补偿量被设置给指定的刀偏号。

（9）对所有使用的刀具重复以上步骤，设定对刀值。

"机外对刀仪对刀"是通过测量出刀具假想刀尖点到刀具台基准之间 X 轴及 Z 轴方向的距离值进行对刀。利用机外对刀仪可将刀具预先在机床外校对完成，装上机床后直接将对刀长度输入相应刀具的补偿号即可使用。

"自动对刀"是通过刀尖检测系统进行对刀。刀尖以设定速度向接触式传感器接近，当刀尖与传感器接触并发出信号时，数控系统立即记录下该接触时刻的坐标值，自动修正刀具补偿值。

2.3.6　数控车床加工实例

1. 零件加工实例一

编制如图 2-25 所示零件的加工程序，材料为 45 钢，材料直径为 $\phi40$ mm。

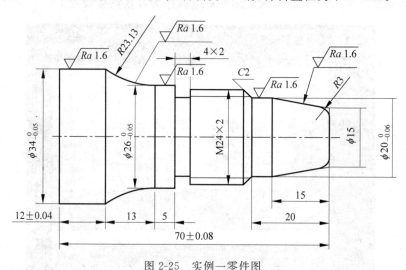

图 2-25　实例一零件图

1）零件的工艺分析

该零件表面由圆柱、圆锥、圆弧、槽及螺纹组成。零件图上设定多处精度要求较高的尺寸，公差值较小，编程时按基本尺寸来编写。根据零件图的尺寸分布情况，确定工件坐标系原点在零件右端面中心处，换刀点的坐标为(200,200)。

2）确定加工路线

加工路线按先粗后精、由右到左的加工原则选取。首先，自右向左进行粗车。然后，从右向左进行精车、切槽。最后，车螺纹。具体加工路线：车端面→车圆弧面→锥度部分→车 $\phi20$ mm 圆柱面→车螺纹的外径→车台阶面→车 $\phi26$ mm 圆柱面→车圆锥部分→车 $\phi34$ mm 圆柱面→切槽→车螺纹，最后切断零件。

3）确定刀具和夹具

由于零件长度不大，只要采用三爪卡盘定心夹紧零件左端即可。根据加工要求选用 3 把刀具：粗车及端面加工选用粗车外圆车刀，精加工选用精车外圆车刀（粗精加工选用同一把刀），槽加工选用宽 4 mm 切槽刀，螺纹加工选用 60°螺纹刀。将所选的刀具参数填写在数控加工刀具卡片中,便于编程和操作管理,见表 2-6。

表 2-6　数控加工刀具卡片

产品名称或代号		×××		零件名称	×××	零件图号	×××
序号	刀具号	刀具规格和名称	数量	加工表面		刀尖半径/mm	备注
1	T01	硬质合金 90°外圆车刀	1	车端面及粗车轮廓		0.20	右偏刀
2	T02	切槽刀	1	切槽及切断		0.15	右偏刀
3	T03	硬质合金 60°螺纹刀	1	车螺纹		0.15	右偏刀
4	T01	硬质合金 90°外圆车刀	1	精加工轮廓		0.20	右偏刀
编制		审核		批准		共　页	第　页

4) 确定切削用量

数控车床加工中的切削用量包括切削深度、主轴转速和进给速度,切削用量应根据零件材料、硬度、刀具材料及机床等因素综合考虑。

(1) 切削深度 a_p 的确定。进行轮廓加工时,粗车循环选择 $a_p = 3$ mm,精车循环选择 $a_p = 0.25$ mm;加工螺纹时,粗车循环选择 $a_p = 0.4$ mm,逐刀减少,精车循环时选择 $a_p = 0.1$ mm。

(2) 主轴转速 n 的确定。主轴转速根据零件上被加工部位的直径,按零件和刀具的材料,以及加工性质等允许的切削速度来确定。在实际生产中,主轴转速可由式(2-1)计算。车直线和圆弧时,粗车切削速度 $v_c = 90$ m/min,精车切削速度 $v_c = 120$ m/min,然后利用式(2-1)计算主轴转速 n。

(3) 进给量的确定。查阅相关手册并结合实际情况来确定进给量。加工 45 钢,粗车时进给量一般取 0.4 mm/r,精车时进给量常取 0.15 mm/r,切断时进给量宜取 0.1 mm/r。

(4) 车螺纹时主轴转速的确定受到螺纹螺距(或导程)大小、系统特性等多种因素的影响。因此,不同的数控系统推荐的主轴转速范围有所不同。一般情况下,螺纹切削深度 $h = 0.6495P = 0.6495 \times 2$ mm $= 1.299$ mm。

综合上面的分析,将确定的加工参数填写在数控加工工序卡片中,见表 2-7。

表 2-7　数控加工工序卡片

单位名称		产品名称和代号	零件名称		零件图号	
		×××	×××		×××	
工序号	程序编号	夹具名称	使用设备		车间	
		三爪卡盘	FANUC 0i 数控机床			
工步号	工步内容	刀具号	刀具规格 /(mm×mm)	主轴转速 /(r/min)	进给速度 /(mm/r)	切削深度 /mm	备注
1	车端面	T01	20×20	800	0.12		
2	粗车轮廓	T01	20×20	800	0.12	0.3	
3	切槽	T02	20×20	700	0.12		
4	精车轮廓	T01	20×20	800	0.075	0.1	
5	车螺纹	T03	20×20	600	2.00		
6	切断	T02	20×20	600	0.10		
编制		审核		批准		共　页	第　页

5）编写加工程序

O1818；程序名

N10 T0101；换 1 号刀，建立 1 号刀具补偿

N20 G50 S800；主轴最高转速设定，转速为 800 r/min

N30 G96 S800 M03；恒线速度控制，主轴正转，线速度为 800 mm/min

N40 G40 G80 G00 X41 Z2；快速到达轮廓循环起刀点

N50 G94 X-2 Z0 F0.12；用端面循环指令车端面

N60 G71U0.3 R1；外径粗车循环，设定加工参数

N70 G71 P80 Q170 U0.2 W0.1 F0.12；N80～N170 对轮廓进行粗加工

N80 G01 X9；从循环起刀点以 0.12 mm/r 的进给速度移动到轮廓起点

N85 G01 Z0；Z 轴方向进刀

N90 G03 X15 Z-3 R3；车圆弧面

N100 G01 X20 Z-15；车圆锥

N110 Z-20；车 ϕ20 mm 圆柱面

N120 X23.75 Z-22；倒角

N130 Z-40；车螺纹台阶面

N140 X26；径向加工到指定位置

N150 Z-45；车台阶面

N160 G02 X34 Z-58 R23.13；车圆弧面

N165 G01 Z-75；车 ϕ34 mm 圆柱面

N170 G01 X41；循环结束程序段

N175 G00 X200 Z200；快速定位到换刀位置

N180 T0202；换 2 号刀，建立 2 号刀具补偿

N185 G97 S600 M3；恒转速控制，主轴正转，设定转速 600 r/min

N190 G00 X30 Z-40；快速定位到指定位置进行切槽

N195 G01 X20 F0.12；加工到槽底，进给速度为 0.12 mm/r

N200 G04 X3；暂停 3 s

N205 G01 X32 F0.12；退刀

N210 G00 X200 Z200；快速到达换刀位置

N220 T0101；换 1 号刀，建立 1 号刀具补偿

N222 S800 M3；主轴正转，设定转速 800 r/min

N225 G00 X41 Z2；快速移到起刀点的位置

N240 G70 P80 Q170F0.075；N80～N170 对轮廓进行精加工，进给速度为 0.075 mm/r

N245 G00 X200 Z200；快速移至换刀位置

N280 T0303；换 3 号刀，建立 3 号刀具补偿

N285 S600 M3；主轴正转，设定转速 600 r/min

N290 G00 X26 Z-18；快速定位到指定位置

N300 G92 X22.85 Z-38 F2；螺纹切削循环，第一刀

N310 X22.25；加工螺纹，第二刀

N320 X21.65；第三刀

N330 X21.25；第四刀

N340 X21.15；第五刀

N390 G00 X200 Z200；快速退刀至换刀位置

N410 T0202；换 2 号刀，建立 2 号刀具补偿

N415 S600 M03；

N420 G00 X36 Z-74；快速定位到指定位置

N430 G01 X0 F0.1；切断零件，以 0.1 mm/r 进给量进刀

N440 G04 X3；暂停 3 s

N450 G01 X40 F0.1；退刀到达安全位置

N460 G00 X100 Z100；快速退刀

N480 M05；主轴停止

N490 M30；程序结束

6）机床操作步骤

（1）开机。打开数控机床的电源。

（2）启动数控系统。按机床操作面板上的【ON】键，数控系统操作面板如图 2-19 所示。若数控系统启动后出现 EMG 报警信息，则旋开【急停】键，解除 EMG 报警信息。

（3）机床回零。重新启动机床或数控系统启动后必须返回机床参考点。在机床操作面板上选择【回零模式】，单击机床轴【移动】键，按【Z】和【＋】键，当 Z 轴回零指示灯亮后，再按【X】键和【＋】键，当 X 轴回零指示灯亮时，表示已完成返回机床参考点的动作。

（4）装夹零件毛坯。以"零件加工实例一"为例，把直径为 $\phi40$ mm 的毛坯料放到机床的三爪卡盘上，旋转扳手夹紧毛坯，如图 2-26 所示。

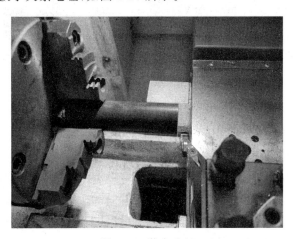

图 2-26　装夹毛坯

（5）安装加工刀具。根据表 2-7 选择对应的刀具，把刀具安装到刀架对应的刀架号上，具体操作方法为：松开刀架的 1 号位置螺栓，选择 1 号外圆刀具安装在刀架的 1 号位置上，添加垫片，调整刀尖高度与机床主轴上的零件中心等高，然后拧紧螺栓固定刀具；松开刀架的 2 号位置螺栓，选择 2 号外圆刀具安装在刀架的 2 号位置上，添加垫片，调整刀尖高度与

机床主轴上的零件中心等高,然后拧紧螺栓固定刀具;松开刀架的 3 号位置螺栓,选择 3 号外圆刀具安装在刀架的 3 号位置上,添加垫片,调整刀尖高度与机床主轴上的零件中心等高,然后拧紧螺栓固定刀具。

(6) 编写程序。把编写的加工程序输入数控系统,操作方法为:在机床操作面板上选择【编辑模式】,在数控系统操作面板上单击【PROG】键,输入程序名"O1818"后,按【INSERT】键,接着按【EOB】键,然后按【INSERT】键完成程序名输入,后面的程序依次进行输入,每段程序结束须按【EOB】键换行,直至程序结束。

(7) 启动主轴。主轴开机后未转动之前,在机床操作面板上选择【MDI 模式】,在数控系统操作面板上单击【PROG】键,自动生成"O0000"程序号(数控程序输入界面如图 2-27 所示),输入程序段";M03 S300;"后按【INSERT】键,然后在机床操作面板上按【循环启动】键,主轴正转,按【复位键】停止主轴,然后再按机床操作面板上的主轴功能键【主轴正转】或【主轴反转】启动主轴。

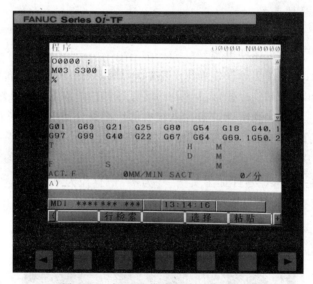

图 2-27　在 MDI 模式下输入数控程序

(8) 对刀。零件加工前须进行对刀操作,用于把工件坐标系与机床坐标系对应。3 把车刀均须进行对刀操作,操作方法如下:在机床操作面板上选择【JOG 模式】,按机床操作面板上的【TOOL】键,则刀架旋转,旋转 1 号刀处于工作位置,按【主轴正转】键启动主轴,用手轮的"高倍率"移动刀架靠近工具,距离零件 10 mm 左右时,把手轮切换成低倍率试切零件端面,手动试切零件后固定 Z 轴,把刀具从 X 轴方向移出零件 10 mm 左右,在数控系统操作面板上按【OFS/SET】键,然后按【刀偏】键,再按【形状】键,则出现 Z 轴对刀界面,如图 2-28 所示,通过【移动】键把光标移动到 G001 的 Z 坐标处,输入"Z0"(零件端面)后按【测量】键,即可把工件坐标系的 Z 轴坐标原点与机床坐标系的 Z 轴坐标对应起来;通过手轮移动刀具,使刀具试切零件的圆周面,手动试切零件后固定 X 轴方向,把刀具从 Z 轴方向移出零件 10 mm 左右,按【复位】键或机床操作面板上的【主轴停止】键使机床主轴停止转动,然后用游标卡尺测量被试切过的零件直径,如测量结果为"39.860",在数控系统操作面板上按【OFS/SET】键,然后按【刀偏】键,再按【形状】键,出现 X 轴对刀界面如图 2-29 所示,通过

【移动】键把光标移动到 G001 的 X 坐标处,输入"X39.860"(零件表面)后按【测量】键,即可把工件坐标系的 X 轴坐标原点与机床坐标系的 X 轴坐标对应起来,则完成 1 号刀的对刀操作。2 号刀、3 号刀的对刀过程与 1 号刀的相同。完成 3 把刀的对刀操作后,将手轮切换成高倍率,手动把刀具移开零件 X 方向、Z 方向 100 mm 左右的安全位置。

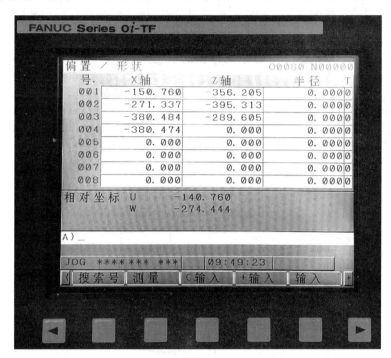

图 2-28　对刀界面

图 2-29　加工完成的零件

（9）试加工。在数控系统操作面板上按【OFS/SET】键,然后按【刀偏】键,再按【形状】键,用【移动】键将光标移动到 G001 的 Z 坐标处,输入"100",然后按【+输入】键,再用【移动】键将光标移动到 G002、G003 的 Z 坐标处,重复上面的操作,以保证在试加工时走刀路径在离开零件 100 mm 处空运行,关闭机床门。在机床操作面板上选择【自动模式】,按【单段】键,在数控系统操作面板上按【PROG】键,然后选择"O1818"程序,在机床操作面板上按【循环启动】键,机床开始一段一段地执行零件加工程序。若发现问题及时按【复位】键停止机床,修改程序后可重新进行试加工。

(10) 加工。在数控系统操作面板上按【OFS/SET】键,然后按【刀偏】键,再按【形状】键,用【移动】键将光标移动到 G001 的 Z 坐标处,然后输入"－100",然后按【＋输入】键,再用【移动】键将光标移动到 G002、G003 的 Z 坐标处,重复上面的操作,关闭机床门。在机床操作面板上选择【自动模式】,在数控系统操作面板上按【PROG】键,在机床操作面板上按【循环启动】键,则机床自动完成零件加工。加工后的零件如图 2-29 所示。

2. 零件加工实例二

编制如图 2-30 所示的轴类零件的加工程序,材料为 45 钢,棒料直径为 $\phi40$ mm。

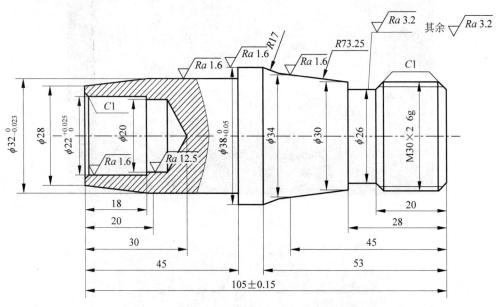

图 2-30　轴类零件图

1) 零件的工艺分析

该零件表面由内/外圆柱、圆锥、圆弧、槽及螺纹组成。零件图上设定多处精度要求较高的尺寸,公差值较小,编程时按基本尺寸来编写。根据零件图尺寸的分布情况,确定工件坐标系原点取在零件右端面中心处,换刀点坐标为(200,200)。

2) 确定加工路线

加工路线按由内到外、由粗到精、由右到左的加工原则选取。首先自右向左进行粗车,然后从右向左进行精车、切槽,最后车螺纹。

(1) 加工左端面。棒料伸出卡盘外约 70 mm,找正后夹紧。

(2) 把 $\phi20$ mm 的麻花钻装入尾座,移动尾架使麻花钻的切削刃接近端面并锁紧,主轴转速为 400 r/min,手动转动尾座手轮,钻 $\phi20$ mm 的底孔,转动约 6 圈(尾架螺纹导程为 5 mm)。

（3）选择外圆车刀，采用 G71 指令进行零件左端部分的轮廓循环粗加工。

（4）选择外圆车刀，采用 G70 指令进行零件左端部分的轮廓循环精加工。

（5）选择镗刀，加工 $\phi22$ mm 的内孔并倒倒角。

（6）卸下零件，用铜皮包住已加过的 $\phi32$ mm 的外圆，掉头使零件上 $\phi32\sim\phi38$ mm 台阶端面与卡盘端面紧密接触后夹紧，找正后准备加工零件的右端面。

（7）手动车端面控制零件总长。

（8）选择外圆车刀，采用 G90 指令进行零件右端部分的粗加工。

（9）选择外圆车刀，采用调子程序的方式进行零件右端部分的轮廓加工。

（10）选择外圆车刀，进行精加工外形。

（11）选择螺纹刀，采用 G92 指令进行螺纹循环加工。

3）确定刀具和夹具

由于零件长度不长，采用三爪卡盘定心夹紧零件左端。根据加工要求需选用 4 把刀具：粗车及端面加工选择粗车外圆车刀，精加工选用精车外圆车刀，槽加工选择宽 4 mm 的切槽刀，螺纹加工选择 60°螺纹刀。孔加工，首先使用 $\phi20$ mm 的锥柄麻花钻钻孔，再选择镗刀镗孔。将所选的刀具参数填写在数控加工刀具卡片中，以便于编程和操作管理，见表 2-8。

表 2-8　数控加工刀具卡片

产品名称和代号		×××		零件名称	×××	零件图号	×××
序号	刀具号	刀具规格和名称	数量	加工表面		刀尖半径/mm	备注
1	T01	硬质合金 90°外圆车刀	1	车端面及粗车轮廓		0.2	右偏刀
2	T02	切槽刀	1	加工螺纹退刀槽及切断		0.15	右偏刀
3	T03	硬质合金 60°螺纹刀	1	车螺纹		0.15	右偏刀
4	T04	镗刀	1	粗加工内孔		0.15	
5	T05	$\phi20$ mm 锥柄麻花钻	1				
6	T01	硬质合金 90°外圆车刀	1	精加工左外轮廓		0.2	右偏刀
7	T04	镗刀	1	精加工内孔		0.15	
编制		审核		批准		共　页	第　页

4）确定切削用量

数控车床加工中的切削用量包括切削深度、主轴转速和进给速度，切削用量应根据零件材料、硬度、刀具材料及机床等因素综合考虑。

（1）切削深度 a_p 的确定。轮廓加工时，粗车循环选择 $a_p=3$ mm，精车循环选择 $a_p=0.25$ mm；螺纹加工时，粗车循环选择 $a_p=0.4$ mm，逐刀减少，精车循环选择 $a_p=0.1$ mm。

（2）主轴转速 n 的确定。参考实例一确定主轴转速。

（3）进给量的确定。查阅相关手册并结合实际情况确定 45 钢的进给量，对 45 钢，粗车时一般取为 0.4 mm/r，精车时常取 0.15 mm/r，切断时宜取 0.1 mm/r。

（4）车螺纹时主轴转速的确定。综合前面的分析，将确定的加工参数填写在数控加工工序卡片中，见表 2-9。

表 2-9　数控加工工序卡片

单位名称		产品名称和代号		零件名称		零件图号	
		×××		×××		×××	
工序号	程序编号	夹具名称		使用设备		车间	
001		三爪卡盘		FANUC 0i 数控机床			
工步号	工步内容	刀具	刀具规格	主轴转速 /(r/min)	进给速度 /(mm/r)	切削深度 /mm	备注
1	平端面	T01	20 mm×20 mm	800		0.15	手动
2	钻底孔	T05	φ20 mm	600		3	手动
3	粗车轮廓	T01	20 mm×20 mm	800	0.12	0.2	
4	精车轮廓	T01	20 mm×20 mm	800	0.075	0.1	
5	粗镗孔	T04	12 mm×12 mm	800	0.12	0.2	
6	精镗孔	T04	12 mm×12 mm	800	0.07	0.1	
7	掉头装夹						手动
8	车右端面	T01	20 mm×20 mm	800		0.15	手动
9	粗车右端面	T01	20 mm×20 mm	800	0.15	0.2	
10	精车右端面	T01	20 mm×20 mm	1 200	0.1	0.1	
11	车槽	T01	20 mm×20 mm	600	0.1	0.1	
12	车螺纹	T03	20 mm×20 mm	600	2		
编制		审核		批准		共　页	第　页

5）编写加工程序

(1) 程序 1：零件左端面部分加工，必须在钻孔后才能进行自动加工。

O1018；程序名

N10 T0101；1 号外圆车刀，建立 1 号刀具补偿

N20 G50 S800；主轴最高转速设定，转速为 800 r/min

N30 G97 S800 M03；恒转速控制，主轴正转，转速为 800 r/min

N50 G00 G40 G80 X42 Z0；刀具快速到达端面的径向外

N60 G01 X18 F0.12；车削端面（由于已钻孔，所以刀具进给到 X18 就可完成端面车削）

N70 G00 X41 Z2；快速到达轮廓循环起刀点

N80 G71U0.2 R1；外径粗车循环，设定加工参数

N90 G71 P100 Q150 U0.2 W0.1 F0.12；N100～N150 对轮廓进行粗加工

N100 G01 X28；以 0.12 mm/r 的进给速度移动到轮廓起点

N110 Z0；Z 轴进刀

N120 X32 Z-20；车圆锥

N130 Z-45；车 φ32 mm 的圆柱

N140 X38；车台阶

N145 Z-55；车 φ38 mm 的圆柱

N150 G01 X41；循环结束程序段

N155 G70 P100 Q150 F0.075；N100～N150 对轮廓进行精加工

N160 G00 X200；沿径向快速退出

N170 Z200；沿轴向快速退出

N180 T0404；换 4 号刀，建立 4 号刀具补偿

N200 G50 S600；设置最高转速，转速为 600 r/min

N210 G97 S600 M03；恒转速控制，主轴正转，转速为 600 r/min

N220 G00 X21 Z2；快速移动到孔外侧

N230 G71 U0.2 R0.8；内孔粗镗循环，设定加工参数

N240 G71 P250 Q280 U-0.1 W0.1 F0.12；N250～N280 对轮廓进行粗加工

N250 G01 X24；以 0.12 mm/r 的进给速度移动到轮廓起点

N260 Z0；Z 轴进刀

N270 X22 Z-1；车倒角

N275 Z-18；粗镗内孔

N280 G01 X21；循环结束程序段

N285 G70 P250 Q280 F0.07；N250～N280 对内孔进行精镗加工

N290 G00 X200 Z200；退至安全位置

N300 M05；主轴停止

N310 M30；程序结束

（2）程序 2：零件右端面部分加工。

O1019；程序名

N5 T0101；换 1 号刀，建立 1 号刀具补偿

N10 G50 S800；主轴最高转速设定，转速为 800 r/min

N15 G96 S800 M3；恒线速度控制，主轴正转，线速度为 800 mm/min

N30 G00 G40 G80 X42 Z3；刀具快速到达端面的径向外

N40 G01 X-0.5 F0.12；车端面。为防止在圆心处留下小凸块，所以车到—0.5 mm 处

N50 G00 X41 Z3；快速到达轮廓循环起刀点

N60 G71 U0.2 R0.8；外径粗车循环，设定加工参数

N70 G71 P80 Q150 U0.2 W0.1 F0.12；N80～N150 对轮廓进行粗加工

N80 G01 X25.75；以 0.12 mm/r 的进给速度移动到轮廓起点

N90 Z0；Z 轴进刀

N100 X29.75 Z-2；加工螺纹倒角

N115 Z-28；车螺纹台阶面

N120 X30；车台阶

N130 G03 X34 Z-45 R73.25；车圆弧面

N140 G01 X38 Z-53；车圆锥面

N150 X41；循环结束程序段

N160 G70 P80 Q150 F0.075；N80～N150 对轮廓进行精加工

N170 G00 X31 Z-18；快速到达槽接近位置

N180 M98 P1020；调用子程序

N190 G00 X200 Z200；快速到达定位点

N200 T0303；换 3 号螺纹刀，建立 3 号刀具补偿

N210 G97 S600 M3；恒转速控制，主轴正转，设定转速 600 r/min

N220 G00 X31 Z4；快速到达螺纹加工起始位置

N230 G92 X28.85 Z-22 F2；用循环指令加工螺纹，第一刀

N240 X28.25；第二刀

N250 X27.65；第三刀

N260 X27.25；第四刀

N270 X27.15；第五刀

N280 G00 X200；沿径向退出

N290 Z200；沿轴向退出

N300 M05；主轴停转

N305 M30；程序结束

（3）程序 3：编写子程序。

O1020；子程序名

N10 G01 U-0.1 F0.1；沿径向进刀

N20 X26 Z-20；倒角

N30 Z-28；车台阶

N40 X31；X 轴退刀

N50 Z-18；Z 轴退刀

N60 M99；子程序结束

3. 零件加工实例三

加工如图 2-31 所示的套类零件，毛坯直径为
ϕ150 mm，长为 40 mm，材料为 Q235，未注倒角
C1，其余 Ra6.3，棱边倒钝。

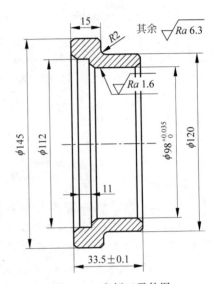

图 2-31　实例三零件图

1）零件的工艺分析

该零件为曲形的盘类零件，表面由内外圆柱、圆弧、倒角组成。零件图上设定多处精度
要求较高的尺寸，公差值较小，编程时按基本尺寸来编写。根据零件图的尺寸分布情况，确
定工件坐标系原点取在零件右端面中心处，换刀点坐标为（200，200）。

2）确定加工路线

加工路线按由内到外、由粗到精、由右到左的加工原则选取。为保证加工时零件能可靠定
位，夹紧 ϕ120 mm 外圆，加工 ϕ145 mm 外圆和 ϕ112 mm，ϕ98 mm 内孔，具体路线为：粗加工
ϕ98 mm 内孔→粗加工 ϕ112 mm 内孔→精加工 ϕ98 mm 内孔→精加工 ϕ112 mm 内孔及孔底
端面→加工 ϕ145 mm 外圆。然后掉头，夹紧 ϕ112 mm 内孔，加工 ϕ120 mm 外圆及端面，保证
加工端面总长 33.5，具体路线为：加工端面→加工 ϕ120 mm 外圆→加工 R2 圆弧及端面。

3）确定刀具和夹具

采用三爪卡盘定心夹紧即可。根据加工要求需选用 2 把刀具，即 1 把外圆车刀和 1 把
内孔车刀，将所选的刀具参数填写在数控加工刀具卡片中，见表 2-10。

表 2-10　数控加工刀具卡片

产品名称和代号		×××	零件名称	×××	零件图号	×××
序号	刀具号	刀具规格和名称	数量	加工表面	刀尖半径/mm	备注
1	T01	硬质合金 90°外圆车刀	1	粗车外圆	0.20	右偏刀
2	T02	硬质合金内孔车刀	1	粗车端面和内孔	0.15	
3	T01	硬质合金 90°外圆车刀	1	精车外圆	0.15	右偏刀
4	T02	硬质合金内孔车刀	1	精车内孔	0.15	
编制		审核		批准	共　页	第　页

4）确定切削用量

根据前面所述，确定加工的切削用量，并将确定的加工参数填写在数控加工工序卡片中，见表 2-11。

表 2-11　数控加工工序卡片

单位名称		产品名称和代号	零件名称		零件图号	
		×××	×××		×××	
工序号	程序编号	夹具名称	使用设备		车间	
001		三爪卡盘	FANUC 0i 数控机床			
工步号	工步内容	刀具号	刀具规格/(mm×mm)	主轴转速/(r/min)	进给速度/(mm/r)	切削深度/mm	备注
1	车端面	T01	20×20	600	0.12	0.15	
2	粗车内孔	T02	20×20	600	0.075	0.20	
3	精车内孔	T02	20×20	600	0.04	0.10	
4	粗车外圆	T01	20×20	600	0.12	0.20	
5	精车外圆	T01	20×20	800	0.075	0.10	
6	零件掉头						手动
7	车右端面	T01	20×20	600	0.12	0.15	
8	粗车右端外圆	T01	20×20	600	0.12	0.20	
9	精车右端外圆	T01	20×20	800	0.075	0.10	
编制		审核		批准	共　页	第　页	

5）编写加工程序

（1）加工 $\phi145$ mm 外圆和 $\phi112$ mm 内孔，并加工 $\phi98$ mm 内孔。

O7111；程序名

N10 T0202；换 2 号刀，建立 2 号刀具补偿

N15 G50 S600；主轴最高转速设定，转速为 600 r/min

N20 G96 S600 M3；恒定线速度控制，主轴正转，线速度为 600 mm/min

N30 G00 G40 G80 X90 Z3；快速移动到孔外侧

N40 G71 U0.2 R0.8；内孔粗车循环，设定加工参数

N50 G71 P60 Q100 U0.1 W0.1 F0.075；N60～N100 对轮廓进行粗加工

N60 G01 X114；以 0.075 mm/r 的进给速度移动到轮廓起点

N70 Z0；Z 轴进刀

N75 X112 Z-1；加工倒角

N80 Z-12；粗加工 ϕ112 mm 内孔

N85 X100；车台阶

N90 X98 Z-13；加工倒角

N95 Z-42；粗加工内孔

N100 G01 X90；循环结束程序段

N105 G70 P60 Q100 F0.04；N60～N100 对轮廓进行精加工

N110 G00 X200 Z200；快速到达定位点

N115 T0101；换 1 号刀，建立 1 号刀具补偿

N120 G50 S800；主轴最高转速设定，转速为 800 r/min

N125 G96 S800 M3；恒线速度控制，主轴正转，线速度为 800 mm/min

N130 G00 X151 Z2；快速到达轮廓循环起刀点

N135 G71 U0.2 R0.8；外径粗车循环，设定加工参数

N140 G71 P145 Q165 U0.2 W0.1 F0.12；N145～N165 对轮廓进行粗加工

N145 G01 X143；以 0.12 mm/r 的进给速度移动到轮廓起点

N150 Z0；Z 轴进刀

N155 X145 Z-1；加工倒角

N160 Z-16；加工 ϕ145 mm 外圆

N165 G01 X151；循环结束程序段

N170 G70 P145 Q165 F0.075；N145～N165 对轮廓进行精加工

N175 G00 X200 Z200；快速退刀

N180 M5；主轴停止

N185 M30；程序结束

（2）加工 ϕ120 mm 的外圆及端面。

O7112；程序名

N10 T0101；换 1 号刀，建立 1 号刀具补偿

N15 G50 S800；主轴最高转速设定，转速为 800 r/min

N20 G96 S800 M3；恒线速度控制，主轴正转，线速度为 800 mm/min

N30 G00 G40 G80 X146 Z3；快速到达轮廓循环起刀点

N40 G71 U0.2 R0.8；外径粗车循环，设定加工参数

N50 G71 P60 Q110 U0.2 W0.1 F0.12；N60～N110 对轮廓进行粗加工

N60 G01 X118；以 0.12 mm/r 的进给速度移动到轮廓起点

N70 Z0；Z 轴进刀

N75 X120 Z-1；加工倒角

N80 Z-16.5；加工 ϕ120 mm 外圆

N90 G03 X124 Z-18.5 R2；车圆角

N95 X143；车台阶

N100 X145 Z-19.5；加工倒角

N110 G01 X146；循环结束程序段

N120 G70 P60 Q110 F0.075；N60～N110 对轮廓进行精加工

N125 G00 X200 Z200；快速到达定位点

N130 T0202；换 2 号刀，建立 2 号刀具补偿

N135 G50 S600；主轴最高转速设定，转速为 600 r/min

N140 G96 S600 M3；恒线速度控制，主轴正转，线速度为 600 mm/min

N145 G00 X97 Z2；快速移动到孔外侧

N150 G71 U0.2 R0.8；内孔粗车循环，设定加工参数

N155 G71 P160 Q175 U0.1 W0.1 F0.075；N160～N175 对轮廓进行粗加工

N160 G01 X100；以 0.075 mm/r 的进给速度移动到轮廓起点

N165 Z0；Z 轴进刀

N170 X98 Z-1；加工倒角

N175 X97；循环结束程序段

N180 G70 P160 Q175 F0.04；N160～N175 对轮廓进行精加工

N190 G00 X200；沿径向退出

N200 Z200；沿轴向退出

N210 M05；主轴停止

N220 M30；程序结束

2.4 加工中心编程

2.4.1 加工中心编程基础

加工中心是把铣削、镗削、钻削、螺纹加工等功能集中起来的机床，可以执行多种加工工艺。加工中心设置有刀库，刀库中存放着不同数量的各种刀具和检具，在加工过程中根据数控程序自动选用和更换，这是其与数控铣床、数控镗床最大的区别。加工中心包含了数控铣床的所有功能，因此本书略过数控铣床而直接讲述加工中心。

1. 加工中心的机床坐标系

加工中心的机床坐标系是机床上固有的坐标系，符合右手直角笛卡儿坐标系规则，设有固定的坐标原点。机床坐标系是制造和调整机床的基础，也是设置工件坐标系的基础。一般机床每次通电后，首先进行回零操作来建立机床坐标系。回零并不是指回机床零点，而是回机床参考点。只有当所设定的机床参考点在机床坐标系中的各坐标轴值的零点时，机床参考点才与机床零点重合。加工中心的机床坐标左右方向为 X 轴，前后方向为 Y 轴，上下方向为 Z 轴。

2. 加工中心的工件坐标系

工件坐标系也叫编程坐标系。为了确定加工时零件在机床中的位置，必须建立工件坐标系。工件坐标系与机床坐标系的方向一致，工件坐标系的原点一般选择在便于"对刀"的

位置,为便于编程计算,应尽量选择精度较高的加工面"对刀",从而提高零件的加工精度。工件坐标系 X、Y 轴方向的原点一般设在进刀方向一侧的零件外轮廓表面的某个角或对称中心,工件坐标系 Z 轴方向的原点一般设在零件上表面。在加工中心加工零件时,把工件坐标系(如 G54)与机床坐标系进行对应设置后,数控系统可以按工件坐标系加工。因此,编程人员可以不考虑零件在机床上的实际装夹位置,而是利用数控系统的工件坐标系与机床坐标系的对应功能解决。机床坐标不在编程中使用,常用它来确定工件坐标,用 G54～G59 指令设定工件坐标系,建立工件坐标系在机床坐标系的参考点。

用 G54～G59 指令设定工件坐标系时,先通过设置界面输入各个工件坐标原点在机床坐标系中的坐标值,该坐标值就是工件坐标系的零点坐标值。编程时,只需要根据图纸和所设定的工件坐标系进行编程即可,无须考虑零件在机床工作台上的位置,但操作者必须完成机床手动回零,通过"对刀"确定所用工件坐标系原点(即程序原点)在机床坐标系中的坐标值,然后把该坐标值(也就是工件坐标系原点的机床坐标值)存入工件坐标系所对应的存储器。

3. 加工中心的工件坐标系设定

一个程序的工件坐标系可选择 G54～G59 进行设置,其步骤如下:

(1) 在任何方式下按【OFS/SET】键→按【坐标系】键,进入 G54 工件坐标系设置界面。

(2) 按【PAGE】键可进入其余工件坐标系的设置界面。

(3) 利用【←】【→】【↑】【↓】键可以把光标移动到所要设置的工件坐标系中的相应位置。

(4) 输入所需值,按【输入】键,设置完毕。如果按【+输入】键,则把当前值与存储器中已有的值相加;如果按【-输入】键,则把当前值与存储器中已有的值相减。

4. 加工中心的刀具半径补偿值和长度补偿值设置

(1) 半径补偿值。编制加工中心加工程序时,在 X 轴、Y 轴方向按零件实际轮廓编程并使用半径补偿指令 G41 或 G42,使铣刀中心轨迹向左或向右偏离编程轨迹一个刀具半径。这样,多个刀具使用同一个程序,不用重新计算编程就可以多次运行,通过修改刀具补偿表中的半径数值来控制切削量,以保证加工精度。

(2) 长度补偿值。刀具的长度补偿是选择不同刀具后控制加工深度。不同的刀具只要在 Z 轴方向通过修改刀具补偿表中的刀具长度数值就可以控制深度方向的切削量,这样换刀不换程序,可以提高加工效率。

刀具半径补偿值和长度补偿值的设置步骤如下:

(1) 在任何方式下按【OFS/SET】键→按【补正】键,进入刀具半径和长度补偿值界面。

(2) 利用【←】【→】【↑】【↓】键可以把光标移动到所要设置的位置。

(3) 输入所需值,按【输入】键,设置完毕。如果按【+输入】键,则把当前值与存储器中已有的值相加;如果按【-输入】键,则把当前值与存储器中已有的值相减。

2.4.2　加工中心加工方案

1. 确定加工中心的加工路线

(1) 选择的加工路线应保证被加工零件精度和表面粗糙度的要求,如铣削加工采用顺铣或逆铣会对表面粗糙度产生不同的影响。

（2）尽量使走刀路线最短，以减少空运行时间。

（3）加工时，要考虑切入点和切出点处的程序处理。

2. 确定加工中心的切削参数

加工中心的切削用量是机床主体主运动和进给运动速度大小的重要参数，包括切削深度（也叫背吃刀量）、主轴转速和进给速度。编制程序时选择合理的切削用量，使切削深度、主轴转速和进给速度三者相适应，形成最佳切削参数是编制工艺的重要内容。

2.4.3　加工中心基本指令

加工中心的动作用指令的方式提前规定，指令包括 G 功能（准备功能）、M 功能（辅助功能）、T 功能（刀具功能）、S 功能（主轴功能）和 F 功能（进给功能）等。我国使用的数控系统的指令代码定义尚未完全统一，代码在不同系统中的含义不完全相同。因此，编程人员在编程前必须阅读所使用数控系统的编程说明书。本书主要以 FANUC 0i-MC 系统为例介绍数控加工中心的编程。

1. G 功能

G 功能也称为 G 代码，是用来指令机床动作方式的功能。FANUC 0i-MC 系统常用的 G 代码见表 2-12。

表 2-12　常用 G 代码

G 代码	组	功　　能
G00		快速定位
G01	01	直线进给
G02		顺时针圆弧进给
G03		逆时针圆弧进给
G04		暂停
G28	00	返回机床参考点
G30		返回机床换刀参考点
G17		选择 XY 平面
G18	16	选择 XZ 平面
G19		选择 YZ 平面
G20	06	英制输入
G21		公制输入
G40		取消刀具半径补偿
G41	07	建立刀具半径左补偿
G42		建立刀具半径右补偿
G43		建立刀具长度正补偿
G44	17	建立刀具长度负补偿
G49		取消刀具长度补偿
G53～G59		工件坐标系设置

续表

G 代码	组	功　　能
G73		高速深孔钻削循环
G74		攻左螺纹循环
G80		取消固定循环
G81	09	钻孔循环
G82		精钻孔循环
G83		深孔钻削循环
G84		攻右螺纹循环
G90	03	绝对坐标
G91		增量坐标
G94	02	设定进给速度的单位,单位是 mm/min(或 in/min)
G95		设定进给速度的单位,单位是 mm/r(或 in/r)

1）G00 快速定位

G00 指令的功能是快速定位,刀具以数控系统预先设定的最大进给速度快速移动到程序段所指定的下一个定位点,移动速度为系统设定的最高速度。在 G 代码中,G00 是最基本、最常用的指令之一。

格式：G00 X＿Y＿Z＿；

其中,X、Y、Z 为目标点坐标。

2）G01 直线进给

G01 功能是直线进给,使刀具以程序段所指定的进给速度移动到指定的坐标点。

格式：G01 X＿Y＿Z＿F＿；

其中,X、Y、Z 为目标点坐标；F 为进给速度,默认单位为 mm/min。

3）G02、G03 圆弧进给

G02、G03 指令的功能是圆弧进给,G02 为顺时针方向进给,G03 为逆时针方向进给,如图 2-32所示。

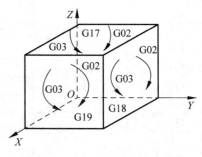

图 2-32　G02、G03 的进给方向

格式：G17　G02　X＿Y＿R＿F＿；

　　　　G17　G02　X＿Y＿I＿J＿F＿；

　　　　G18　G02　X＿Z＿R＿F＿；

　　　　G18　G02　X＿Z＿I＿K＿F＿；

　　　　G19　G02　Y＿Z＿R＿F＿；

　　　　G19　G02　Y＿Z＿J＿K＿F＿；

　　　　G17　G03　X＿Y＿R＿F＿；

　　　　G17　G03　X＿Y＿I＿J＿F＿；

　　　　G18　G03　X＿Z＿R＿F＿；

　　　　G18　G03　X＿Z＿I＿K＿F＿；

　　　　G19　G03　Y＿Z＿R＿F＿；

　　　　G19　G03　Y＿Z＿J＿K＿F＿；

其中,(X,Y,Z)是圆弧的终点绝对坐标;(I,J,K)表示圆心的坐标,它是圆心相对于圆弧起点在 X、Y、Z 轴方向上的增量值,整圆编程时只能用(I,J,K);R 表示圆弧弧度,R 为负值时圆弧弧度不小于 $180°$,R 为正值时圆弧弧度不大于 $180°$。

4) G04 暂停

G04 指令的功能是刀具暂时停止进给,经过暂停时间后,再继续执行下一个程序段。

格式:G04 X_或 G04 P_;

其中,字符 X 或 P 表示不同的暂停时间单位表达方式。字符 X 后可以是带小数点的数值,单位为 s;字符 P 后不允许用小数点输入,只能用整数,单位为 ms。

5) G17、G18、G19 平面选择

G17、G18、G19 指令的功能是选择工作平面,用于指定程序段中刀具的进给平面和刀具半径补偿平面。G17 为选择 XY 平面,G18 为选择 XZ 平面,G19 为选择 YZ 平面。系统开机后默认 G17 指令生效。

6) G20、G21 英制和公制

G20 指令的功能是英制输入,G21 指令的功能是公制输入,机床一般默认设定为 G21 状态。G20 和 G21 是两个可以互相代替的代码。使用时,根据零件图纸尺寸标注的单位,可以在程序开始,使用两个指令中的一个设定后面程序段坐标数据的单位。当电源打开时,数控机床的状态与电源关闭前一样。

7) G28 返回机床参考点

G28 指令的功能是各轴以 G00 的速度快速移动到机床参考点。

格式:G28;

执行 G28 指令前,机床在通电后必须手动完成返回参考点。为了安全,在执行该指令前,因为中间点的坐标值存储在数控系统的寄存器内,所以应该清除刀具半径补偿和刀具长度补偿。G28 为非模态指令。

8) G30 返回机床换刀参考点

G30 指令的功能是各轴以 G00 的速度快速移动到机床换刀参考点。

格式:G30;

G30 为非模态指令。

9) G40、G41、G42 刀具半径补偿

G41 指令的功能是建立刀具半径左侧补偿,G42 指令的功能是建立刀具半径右侧补偿。从刀具走刀的方向观察,当刀具在轮廓的左侧时为左补偿,当刀具在轮廓的右侧时为右补偿。

格式:G01/G00 G41/G42 X_Y_D_;

其中,G41/G42 刀具半径补偿应写在 G01/G00 程序段中,不能写在 G02/G03 程序段中,刀具半径补偿用 D 代码来指定补偿值的位置。

G40 指令的功能是取消刀具半径补偿。

格式:G01/G00 G40 X_Y_;

刀具半径补偿的过程如图 2-33 所示。为保证刀具从无刀具半径补偿运动到刀具半径

补偿开起点,应提前建立刀具半径补偿。与建立刀具补偿类似,在最后一段刀具补偿轨迹完成后,应走一段直线后再取消刀具补偿。建立刀具补偿的过程如下:①刀具补偿的建立。刀具从起点接近零件时,刀心轨迹从与编程轨迹重合过渡到与编程轨迹偏离一个补偿量的过程。②刀具补偿执行。刀具中心始终与编程轨迹相距一个补偿量,直到刀具补偿取消。③刀具补偿取消。刀具离开零件,刀具中心轨迹过渡到与编程轨迹重合的过程。使用 G41或 G42 时,当刀具接近零件轮廓时,数控装置认为是从刀具中心坐标转变为刀具外圆与轮廓相切点的坐标值。使用 G40 指令使刀具退出时则相反。在加工过程开始和完成时,要防止刀具与零件干涉产生过切或碰撞。

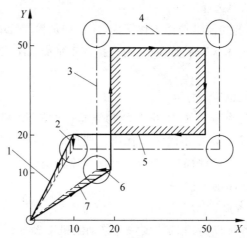

1—刀具补偿取消;2—刀具补偿矢量;3—刀具中心轨迹;
4—刀具补偿进行中;5—编辑轨迹;6—法向刀具补偿矢量;7—刀具补偿引入。

图 2-33　刀具半径补偿

10) G43、G44、G49 刀具长度补偿

刀具长度补偿功能用于 Z 轴方向的刀具补偿,可以使刀具在 Z 轴方向的实际位移量大于或小于程序设定值。编程时不必考虑刀具的长度,实际的刀具长度与标准刀具长度不同时,可用长度补偿功能进行补偿。加工时,如果刀具因磨损、重磨、换新刀而使长度发生了变化,也不必修改程序中的坐标值,只要修改刀具参数库中的长度补偿值即可。另外,若加工一个零件需要用多把刀具,即使各刀的长短不一样,编程时也不必考虑刀具长短对坐标值的影响,只要把其中一把刀设为标准刀,其余各把刀具相对标准刀设置长度补偿值即可。

G43 指令的功能是建立刀具长度正补偿,G44 指令的功能是建立刀具长度负补偿,G49指令的功能是取消刀具长度补偿。

格式:G43 Z_H_;

　　　 G44 Z_H_;

　　　 G49 Z_;

其中,Z 为补偿刀具的终点坐标,H 为长度补偿号。使用 G43 指令时,应把 H 长度补偿号指定的刀具长度补偿值(存储在补偿存储器中)加到程序中由指令指定的终点位置坐标值上。使用 G44 指令时,应从终点位置减去 H 长度补偿号指定的刀具长度补偿值(存储在补

偿存储器中)。当使用 G43 指令时,H 长度补偿号设置为正值时,刀具向正向移动;H 长度补偿号设置为负值时,刀具向相反方向移动。当使用 G44 指令时,H 长度补偿号设置为正值时,刀具向负向移动;II 长度补偿号设置为负值时,刀具向相反方向移动。

11) G73 高速深孔钻削循环

G73 指令的功能是高速深孔钻削循环,其运行过程如图 2-34 所示。刀具沿着 Z 轴执行间歇进给,加工产生的切屑容易从孔中排出,并且能够设定较小的回退值。

格式:G73 X_Y_Z_R_Q_F_K_;

其中,X、Y 为孔的坐标位置;Z 为孔底的坐标位置;R 为参考平面位置;Q 为每次进给深度,刀具沿+Z 方向的相对位置回退 D,重复进给与回退,直到孔底位置为止;F 为进给速度,mm/min;K 为重复次数。

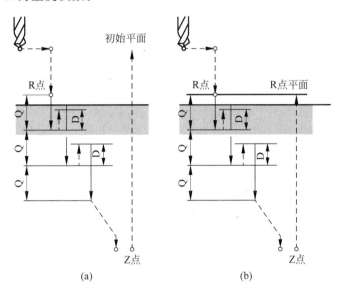

图 2-34 G73 高速深孔钻削循环

(a) 用 G98 指令;(b) 用 G99 指令

12) G74 攻左螺纹循环

G74 指令的功能是攻左螺纹循环。

格式:G74 X_Y_Z_R_P_F_K_;

其中,X、Y 为孔的坐标位置;Z 为孔底的坐标位置;R 为参考平面位置;P 为钻头在孔底位置的暂停时间,ms;F 为进给速度,mm/min;K 为重复次数。进给为反转,退出为正转。

13) G80 取消固定循环

G80 指令的功能是取消所有固定循环。

格式:G80;

清除数控系统寄存器内的所有固定循环补偿值。

14) G81 钻孔循环

G81 指令的功能是钻孔循环。主轴正转,刀具以进给速度向下运动钻孔,到达孔底位置后,快速退回(无孔底动作),运行过程如图 2-35 所示。

格式：G81 X_Y_Z_R_F_K_；

其中，X、Y 为孔的坐标位置；Z 为孔底的坐标位置；R 为参考平面位置，F 为进给速度，mm/min；K 为重复次数。

如果程序段加入 G98 代码，则返回初始平面；如果程序段加入 G99 代码，则返回 R 点的安全平面。

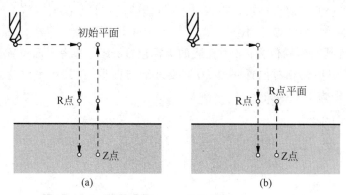

图 2-35　G81 钻孔循环
（a）用 G98 指令；（b）用 G99 指令

15）G82 精钻孔循环

G82 指令的功能与 G81 类似，唯一的区别是 G82 指令在孔底增加了暂停动作，即当钻头加工到孔底位置时，刀具不做进给运动，但保持旋转状态，使孔的表面更加光滑，精度更高。该功能一般用于扩孔和沉头孔的加工。

格式：G82 X_Y_Z_R_P_F_K_；

其中，X、Y 为孔的坐标位置；Z 为孔底的坐标位置；R 为参考平面位置；P 为钻头在孔底位置的暂停时间，ms；F 为进给速度，mm/min；K 为重复次数。

16）G83 深孔钻削循环

G83 指令的功能是深孔钻削循环，运动过程如图 2-36 所示。刀具沿着 Z 轴执行间歇进给，加工产生的切屑容易从孔中排出。每次进给深度为 Q，刀具回退到 R 点平面，当重复进给时，刀具快速下降到 D 规定的距离时转为切削进给，直到孔底位置为止。D 值由参数设定。

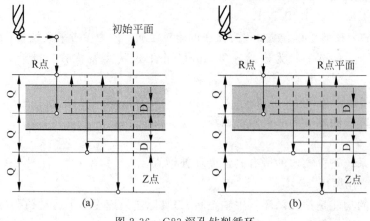

图 2-36　G83 深孔钻削循环
（a）用 G98 指令；（b）用 G99 指令

格式：G83 X_Y_Z_R_Q_F_K_；

其中，X、Y 为孔的坐标位置；Z 为孔底的坐标位置；R 为参考平面位置；Q 为每次进给的深度，为正值；F 为进给速度，mm/min；K 为重复次数。

如果程序段加入 G98 代码，则返回初始平面；如果程序段加入 G99 代码，则返回 R 点的安全平面。

17）G84 攻右螺纹循环

G84 指令的功能是攻右螺纹循环指令，主轴顺时针旋转执行攻螺纹，当到达孔底时，为了回退，主轴以相反的方向旋转，运行过程如图 2-37 所示。

格式：G84 X_Y_Z_R_P_F_K_；

其中，在攻螺纹期间，进给倍率被忽略；X、Y 为孔的坐标位置；Z 为孔底的坐标位置；R 为参考平面位置；P 为钻头在孔底位置的暂停时间，ms；F 为进给速度，mm/min；K 为重复次数。进给暂停不会停止机床运行，暂停设定时间后动作完成。攻螺纹过程要求主轴转速与进给速度成严格的比例关系，因此编程时要求根据主轴转速计算进给速度。该指令执行前，可用辅助功能使主轴旋转。

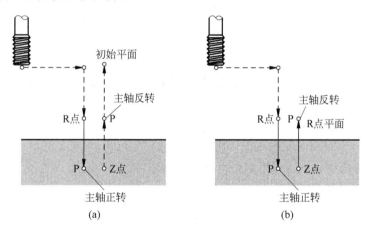

图 2-37　G84 攻螺纹循环

18）G90、G91 绝对坐标和增量坐标

G90 指令的功能是按绝对坐标值编程，此时刀具运动的位置坐标是从零件原点起计算。G91 指令的功能是按增量坐标值编程，此时编程的坐标值表示刀具从所在点出发所移动的数值，正、负号表示从所在点移动的方向。

19）G94、G95 设定进给速度的单位

G94 指令的功能是设定进给速度，单位是 mm/min。G95 指令的功能也是设定进给速度，单位是 mm/r。两者都是模态指令。对于加工中心，机床开机后默认 G94 功能生效。进给速度用 F 加上数字表示。当 G94 功能有效时，程序中出现 F100 表示进给速度为 100 mm/min；当 G95 功能有效时，程序中出现 F1.5，表示进给速度为 1.5 mm/r。

2. M 功能

M 功能的格式是字母 M 加数值。加工中心的数控系统处理 M 代码时向数控机床发出代码信号，用于接通/断开机床的强电功能。一个程序段中，虽然最多可以指定 3 个 M 代

码,但在实际使用时,通常一个程序段中只有一个 M 代码。M 代码的功能由于机床制造商不同会有所不同,加工中心的常用 M 代码功能见表 2-13。

表 2-13　常用 M 代码功能

代　码	功　　能	代　码	功　　能
M00	程序暂停	M07	2 号冷却液开
M01	选择停止	M08	1 号冷却液开
M02	主程序结束	M09	冷却液关
M03	主轴正转	M19	主轴暂停
M04	主轴反转	M30	主程序结束,返回程序头
M05	主轴停止	M98	调用子程序
M06	换刀	M99	调用子程序结束

1) M03、M04 主轴正转和主轴反转

M03、M04 指令的功能是设置主轴转速。

格式:M03/M04 S×××;

编程时,M03 或 M04 与 S 配对使用。主轴转速用 S 加上数字表示,如主轴转速为 1000 r/min,则可写为 S1000。

2) M98 调用子程序

当某一段程序反复出现时,可以把这段程序设置为子程序,并按一定的格式单独命名,在编程需要时调用,可使主程序简洁。

M98 指令的功能是用于调用子程序。

格式:M98 P×××××××××;

其中,P 后面的前 4 位为重复调用次数,省略时则调用一次;后 4 位为子程序号。

3) M99 调用子程序结束

格式:M99;

M99 指令的功能是调用子程序结束。

2.4.4　加工中心操作面板

本书以 FANUC 0i-MC 数控系统的加工中心操作面板为例学习加工中心操作,加工中心操作面板由数控系统面板和机床操作面板组成。

1. 数控系统操作面板

数控系统操作面板如图 2-38 所示。

2. 机床操作面板

加工中心的机床操作面板如图 2-39 所示,机床操作面板上各键的名称与功能见表 2-14。

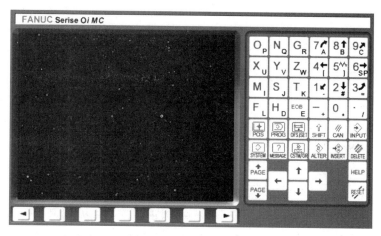

图 2-38　数控系统操作面板

图 2-39　加工中心的机床操作面板

表 2-14　机床操作面板上各键的功能

按　键	名　称	功　能
	急停键	当加工中心发生紧急状况时,按此键后,加工中心所有动作立即停止;解除时,顺时针方向旋转此按钮(切不可往外硬拉,以免损坏此键),即可恢复待机状态。在重新运行前,必须执行返参考点的操作
	数控系统电源	在机床总电源接通后,按【接通】键启动的同时数控系统的显示器屏幕点亮;按【断开】键切断电源
	自动模式	在此模式下,可执行加工程序
	编辑模式	在此模式下,可执行零件程序的编辑
MDI	MDI 模式	在此模式下,按【PROG】键可以输入并执行程序指令;或先按【SYSTEM】键,再按【PARAM】键,可以设定和修改参数
DNC	在线加工模式	在此模式下,可进行在线加工
回零	回零模式	在此模式下,手动返回 X、Y、Z 轴的参考点
手动	手动模式	在此模式下,手动进行 X、Y、Z 轴的连续进给
手轮	手轮模式	在此模式下,手轮生效,可进行 X、Y、Z 轴的微量进给

按　　键	名　　称	功　　能
	单段	当选择单段方式时,按【单段】键后,程序在执行过程中,每执行完一个程序段即停止,需再按一下循环启动键,才可执行下一个程序段
	跳步	当选择跳步方式时,按【跳步】键后,将程序段前带"/"的程序段跳过,不执行
	Z 轴锁住	按【Z 轴锁住】键后,Z 轴不移动,但显示器屏幕上显示坐标值的变化
	空运行	在空运行方式下,按【空运行】键,各轴不以编程速度而是以手动进给速度移动。常用于空切检验刀具的运动
	主轴正转	选择【手动模式】,按【主轴正转】键,主轴以一固定速度正向旋转。使用过主轴转速指令时,主轴转速为最近使用过的主轴转速
	主轴停止	选择【手动模式】,按【主轴停止】键,主轴停止
	主轴反转	选择【手动模式】,按【主轴反转】键,主轴以固定速度反向旋转,主轴转速与主轴正转速度相同
	循环启动	选择【MDI模式】,按【循环启动】键,自动运行程序
	保持进给	选择【自动模式】,按【保持进给】键,自动运行暂停,但主轴不停;再按【循环启动】键,程序继续运行
	程序保护	选择【编辑模式】,通过旋转钥匙选择是否开启程序保护,当钥匙旋转至"ON"时,为程序保护开启状态
	坐标系选择	选择【手动模式】,按其中的一个坐标轴键,根据其正负控制该轴的移动
	进给速度倍率	可改变程序指定的进给速度倍率
	手轮轴选择	选择【手轮模式】,使用手轮选择坐标轴
	手轮轴倍率	使用手轮调整移动倍率
	主轴转速倍率	选择【自动模式】或【手动模式】,通过此旋钮调整主轴的转速
	冷却液启动	按【接通】键,冷却液喷出,指示灯亮;按【断开】键,冷却停止,指示灯灭

2.4.5 加工中心的基本操作

1. 开机

（1）检查加工中心的外观是否正常。

（2）打开外部总电源，启动空气压缩机。

（3）等气压达到规定值后，将电气柜的总空气开关合上。

（4）按机床操作面板上的【ON】键，系统进入自检。

（5）系统自检结束后，检查屏幕是否显示坐标。如果通电后出现报警，就会显示报警信息，必须排除故障后才能执行后面的操作。

（6）检查风扇是否旋转。

2. 回零

回零又称为返回参考点。重新启动机床后数控系统必须对机床零点进行系统设定，所以要进行回零操作，其操作步骤如下：选择【回零模式】，开机→【＋Z】→【＋X】→【＋Y】，等 X 轴、Y 轴、Z 轴零点坐标的三个键上面的指示灯全亮后，机床回零结束。

3. 主轴启动

（1）选择【MDI 模式】→【PROG】→【EOB】→【S】→【3】→【0】→【0】→【M】→【0】→【3】→【EOB】→【INSERT】。

（2）按【循环启动】键，主轴正转。

（3）按【RESET】键，主轴停止转动；选择【手动模式】或【手轮模式】，按【主轴正转】键，则主轴正转；按【主轴反转】键，则主轴反转。在主轴转动时，通过旋转【主轴速率】可改变主轴的转速，其范围为 50%～120%。

4. 手动进给

1）手动连续进给

选择【手动模式】，然后按【X】或【Y】或【Z】键，选择要移动的轴，最后持续按方向键【＋】或【－】，可实现坐标轴的手动连续移动。

2）手动快速进给

选择【手动模式】，然后按【X】或【Y】或【Z】键，选择要移动的轴，同时持续按方向键【＋】或【－】和【快速】选择键，实现坐标轴的快速移动。

5. 手轮进给

选择【手轮模式】，按手轮倍率键【×1】【×10】【×100】键，将【手轮进给速率】设定至所需数值，然后按【X】或【Y】或【Z】键，选择要移动的轴，最后转动手轮。顺时针转动手轮则坐标轴正向移动；逆时针转动手轮则坐标轴负向移动。

6. 程序编辑

选择【编辑模式】，对程序进行输入和编辑操作，此时可输入或修改程序。

7. MDI 运行

在【MDI 模式】下，可以输入最多 10 行(10 个程序段)的程序并被执行。MDI 模式下运行适用于一次性简单程序的操作，因为程序不会存储到内存中，一旦执行完毕就被清除。MDI 模式下的运行过程为

(1) 选择【MDI 模式】→【PROG】→【程序】，进入手动输入和编辑程序界面。

(2) 输入所需程序段(与通常程序的输入和编辑方法相同)。

(3) 使光标移到"O0000"程序号前面。

(4) 按【循环启动】键。

8. 自动运行

选择【自动模式】，以"O0100"程序为例，其运行步骤为

(1) 选择【编辑模式】。

(2) 打开"O0100"程序，确认程序无误且光标在"O0100"程序号前。

(3) 把【进给速度倍率】旋至 10%，【主轴转速倍率】旋钮旋至 50%。

(4) 选择【自动模式】，按【循环启动】键，使加工中心进入自动运行状态。

(5) 将【主轴转速倍率】旋钮逐步调大至 120%，观察主轴转速的变化；把【进给速度倍率】旋钮逐步调大至 120%，观察进给速度的变化。

(6) 按【单段】键，然后按【循环启动】键，重新运行程序，此时执行完一个程序段后，进给停止，必须重新按【循环启动】键，才能执行下一个程序段。

(7) 按【机床锁住】键，然后按【循环启动】键，此时由于机床锁住，程序能运行，但无进给运动。

9. 装刀

加工中心运行时，从刀库中自动换刀并装入主轴，所以在运行程序前，要把刀具装入刀库。装刀与自动换刀过程如下：

(1) 按加工程序要求，在机床外将所用刀具安装正确，并设定刀具号，如 T1 为面铣刀，T2 为立铣刀，T3 为钻头。

(2) 选择【MDI 模式】→【PROG】→【程序】，输入"T01 M06；"程序段。

(3) 把光标移到"O0000"程序号前，按【循环启动】键。

(4) 待加工中心换刀动作全部结束后，选择【手动模式】或【手轮模式】，若此时主轴有刀具，则左手拿稳刀具，右手按主轴的【刀具松开】键，取下主轴刀具；若主轴无刀具，则左手拿稳刀具 T1，将刀柄放入主轴锥孔中，右手先按主轴【刀具松开】键，再按主轴【刀具夹紧】键，停止吹气后，手才可以放开。

10. 自动换刀

加工中心使用的刀库主要有盘式刀库和链式刀库。盘式刀库装刀容量相对较小,一般有 1～24 把刀具,主要适用于小型加工中心;链式刀库装刀容量大,一般有 1～99 把刀具,主要适用于大中型加工中心。刀具的选择方式按数控系统的刀具选择指令从刀库中将所需的刀具转换到取刀位置,称为自动选刀。

换刀一般包括选刀指令和换刀动作指令。选刀指令用 T 表示,其后是所选刀具的刀具号。如选用 2 号刀,写为 T02。T 指令的格式为 T××,表示允许有两位数,即刀具最多允许有 99 把。M06 是换刀动作指令,数控装置读入 M06 代码后,送出并执行 M05(主轴停止)、M19(主轴暂停)等信息,然后执行换刀动作,完成刀具的更换。换刀完毕,启动主轴,然后执行后面的程序段。选刀指令可以与机床加工重合起来,即利用切削时间进行选刀。多数加工中心规定了换刀点的位置,主轴只有运动到这个位置,机械手和刀库才能执行换刀动作。换刀程序有两种。

1) 程序 1

格式:G91 G30 Z0;

　　　T01 M06;

　　　⋮

　　　G91 G30 Z0;

　　　T02 M06;

一把刀具加工结束,主轴返回机床换刀点后停止,然后刀库旋转,将需要更换的刀具停在换刀位置,再进行换刀,开始加工。选刀和换刀先后进行,机床有一定的等待时间。

2) 程序 2

格式:G91 G30 Z0;

　　　T02 M06;

　　　T03;

　　　⋮

　　　G91 G30 Z0;

　　　M06;

　　　T04;

这一程序的选刀时间与机床的切削时间重合,当主轴返回换刀点后立刻换刀,因此整个换刀过程所用的时间比程序 1 短。

11. 对刀

对刀的目的是通过刀具确定工件坐标系与机床坐标系之间的位置关系,并将对刀数据输入相应的存储位置。它是数控加工中最重要的操作步骤,其准确性将直接影响零件的加工精度。对刀方法一定要与零件的加工精度相适应。

1) X、Y 向对刀

X、Y 向对刀常采用试切对刀、寻边器对刀等方法,如图 2-40 所示。

(1) 试切对刀如图 2-40(a)所示,其具体步骤如下:

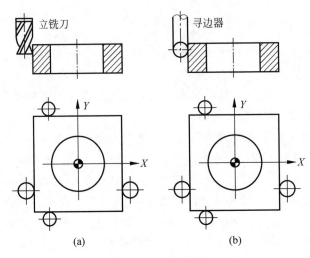

图 2-40　对刀方法

(a) 试切对刀；(b) 寻边器对刀

① 开机回零后,将零件通过夹具装在机床工作台上。装夹时,零件的 4 个侧面应留出对刀位置。

② 将所选铣刀装入机床主轴,使用【MDI 模式】使主轴正转。

③ 快速移动工作台和主轴,让刀具靠近零件的左侧。

④ 改用手轮操作,让刀具慢慢接触零件左侧,直到铣刀刀刃轻微接触到零件左侧表面,即听到刀刃与零件的摩擦声但没有切屑。

⑤ 将机床相对坐标 X 置零或记录下此时机床坐标系中的 X 坐标值,如"—335.670"。

⑥ 将铣刀沿 +Z 向退离至零件上表面以上,快速移动工作台和主轴,让刀具靠近零件右侧(零件左侧试切时可设置 Y、Z 坐标为零,零件移动到右侧试切时保持 Y、Z 坐标不变,即 Y、Z 相对坐标为零)。

⑦ 改用手轮操作,让刀具慢慢接触零件右侧,直到铣刀刀刃轻微接触到零件右侧表面,即听到刀刃与零件的摩擦声但没有切屑。

⑧ 记录下此时机床相对坐标系中的 X 坐标值,如"120.020",或者机床坐标系中的 X 坐标值,如"—215.650"。

⑨ 根据前面记录的机床坐标系中的 X 坐标值"—335.670"和"—215.650",可得工件坐标系原点在机床坐标系中的 X 坐标值为"—215.650—(—335.670)=120.020",然后将铣刀沿 +Z 向退离至零件上表面之上,移动工作台和主轴,使机床相对坐标系中的 X 坐标值为"120.020"的 1/2,即"120.020/2=60.010",此时机床坐标系中的 X 坐标值即为工件坐标系原点在机床坐标系中的 X 坐标值。

⑩ 同理可测得工件坐标系原点在机床坐标系中的 Y 坐标值。

(2) 寻边器对刀如图 2-40(b)所示。寻边器对刀主要用于确定工件坐标原点在机床坐标系中的 X、Y 值,也可以测量零件的简单尺寸。寻边器有偏心式和光电式等类型,其中以光电式较为常用。光电式寻边器的测头一般为 $\phi10$ mm 的钢球,用弹簧拉紧在光电式寻边器的测杆上,碰到零件时可以退让,并将电路导通,发出光信号。寻边器对刀的操作步骤与试切对刀的操作步骤相似,只需要将刀具换成寻边器即可。使用光电式寻边器时,主轴不旋转。当寻边器与零件侧面的距离较小时,手摇脉冲发生器的倍率旋钮可旋转×10 或×1,且以脉冲的方式移动,当指示灯亮时,应停止移动,然后沿着＋Z 移动退离零件,再做 X 轴、Y 轴的移动。

2) Z 轴对刀

Z 轴对刀时,通常使用 Z 轴设定器对刀和 Z 轴试切对刀等。工件坐标原点 Z 坐标一般设定在零件与机床 XY 平面平行的平面上。工件坐标原点 Z 坐标的设定方法如下。

方法一:选择一把刀具为基准刀具(通常选择加工 Z 轴方向尺寸要求比较高的刀具作为基准刀具),将基准刀具测量的工件坐标原点 Z0 值输入 G54 中的 Z 坐标,其他刀具根据与基准刀具的长度差值,通过刀具长度补偿的方法来设定编程时的工件坐标原点 Z0,该长度补偿的方法一般称为相对长度补偿。工件坐标原点 Z 设定在机床坐标系的 Z0 处(设置 G54 等时,Z 为 0)。

方法二:此方法没有基准刀具,每把刀具通过刀具长度补偿的方法来设定编程时的工件坐标原点 Z0,该长度补偿的方法一般称为绝对长度补偿。

(1) Z 轴设定器对刀。Z 轴设定器主要用于确定工件坐标原点相对于机床坐标系的 Z 轴坐标,或者说确定刀具在机床坐标系中的高度,如图 2-41 所示。Z 轴设定器有光电式和指针式等类型,通过光电指示或指针判断刀具与对刀器是否接触,对刀精度一般可达 0.005 mm。Z 轴设定器带有磁性表座,可以牢固地附着在零件或夹具上,其高度一般为 50 mm 或 100 mm。其步骤为

① 将所用刀具 T1 装入主轴。

② 将 Z 轴设定器放置在零件编程的 Z0 平面。

③ 快速移动主轴,让刀具底面靠近 Z 轴设定器的上表面。

④ 改用手轮操作,使刀具端面慢慢接触 Z 轴设定器的上表面,把指针调整到"0"。

⑤ 记录下此时机床坐标系中的 Z 值,如"−175.120"。卸下刀具 T1,将刀具 T2 装入主轴,重复以上的操作,记录下此时机床坐标系中的 Z 值,如"−159.377"。

⑥ 卸下刀具 T2,将刀具 T3 装入主轴,重复以上的操作,记录下此时机床坐标系中的 Z 值,如"−210.407"。

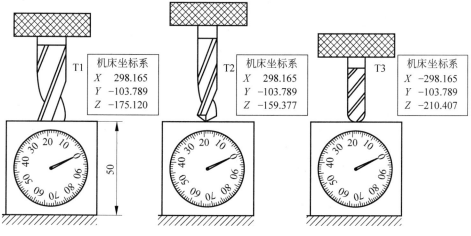

图 2-41　Z 轴设定器对刀

⑦ 以 T1 为基准刀具,使用 G43 指令把长度差作为长度补偿值。

(2) Z 轴试切对刀。Z 轴试切对刀的操作步骤与 Z 轴设定器对刀的操作步骤类似,即把刀具安装在主轴上使刀具直接在零件编程的 Z0 平面试切,然后确定 Z0 平面在机床坐标系的 Z 坐标值。

12. 冷却液的开与关

按【冷却启动】键,开启冷却液,且指示灯亮;按【冷却关闭】键,冷却停止,且指示灯灭。在自动工作时,应在程序中使用 M8 指令开启冷却液和 M9 指令关闭冷却液,也可以通过手动方法开启或关闭冷却液。

13. 排屑

选择【手动模式】或【手轮模式】,按【排屑启动】键排出切屑。

14. 关机

(1) 按【急停】键,然后按数控系统操作面板的【OFF】键。
(2) 关闭电器柜的空气开关。
(3) 关闭空气压缩机,关闭外部总电源。

2.4.6　加工中心加工实例

1. 零件加工实例一

如图 2-42 所示的零件,要求精加工内、外轮廓,加工深度 5 mm,材料为 HT200,毛坯上下已加工平整,按要求编制数控加工程序并完成零件的加工。

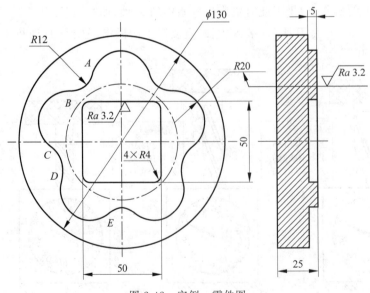

图 2-42　实例一零件图

1) 选择加工路线

用 $\phi 8$ mm 立铣刀精铣内轮廓,精加工余量 0.3 mm;用 $\phi 12$ mm 立铣刀精铣外轮廓,精加工余量 0.3 mm。计算出关键圆弧切点坐标 A(-19.406 6,39.838 5),B(-31.889 2,30.766 7),C(-43.883 1,-6.146 8),D(-39.115 2,-20.821 0)和 E(-7.714 7,-43.634 8)。工件坐标系的 X、Y 轴零点选在零件的对称中心,Z 轴的零点选在零件的上表面。

2) 制定加工工序卡片

内、外轮廓数控加工工序卡片见表 2-15,表中列出了刀具和切削参数。

表 2-15　内、外轮廓数控加工工序卡片

工步号	工步内容	刀具号	刀具规格/mm	主轴转速/(r/min)	进给速度/(mm/min)	备注
1	精铣内轮廓	T1	$\phi 8$ 立铣刀	1 000	500	
2	精铣外轮廓	T2	$\phi 12$ 立铣刀	1 000	500	

3) 编制加工中心程序

O0013;程序号

N10 G00 G90 G80 G49 G40 G54 X0 Y0;快速定位到铣内轮廓下刀点

N15 G91 G30 Z0;返回换刀点

N20 T01 M06;将 1 号刀交换到主轴

N30 M03 S1000;主轴正转

N40 T02;2 号刀具准备

N50 G43 G90 H01 Z50 M08;建立刀具长度补偿,冷却液开

N60 G00 Z5;快速下刀至零件表面上方 5 mm 处

N70 G01 Z-5 F300;直线下刀至零件表面下 5 mm 处

N80 G42 D01 G01 X25 F500;建立刀具右刀具补偿,直线进刀

N90 Y-21;切直线

N100 G02 X21 Y-25 R4;切顺圆弧

N110 G01 X-21;切直线

N120 G02 X-25 Y-21 R4;切顺圆弧

N130 G01 Y21;切直线

N140 G02 X-21 Y25 R4;切顺圆弧

N150 G01 X21;切直线

N160 G02 X25 Y21 R4;切顺圆弧

N170 G01 Y0;切直线

N180 G40 G01 X0;取消刀具补偿

N190 G01 Z5;抬刀

N200 G00 Z100;Z 轴达到安全位置准备换刀

N210 M05;主轴停止

N220 G90 G54 G00 X25 Y70;快速定位到铣外轮廓下刀点

N230 G91 G30 Z0;返回换刀点

N235 T02 M06;将 2 号刀交换到主轴

N240 M03 S1000;主轴正转

N250 G43 H02 Z50 M08；建立刀具长度补偿,冷却液开

N260 G90 G00 Z5；快速下刀到零件表面上方 5 mm 处

N270 G01 Z-5 F300；直线下刀至零件表面下 5 mm 处

N280 G41 G01 X19.4066 F500；建立刀具左刀具补偿,直线进刀

N290 G01 Y39.8358；直线切削

N300 G03 X31.8892 Y30.7667 R12；切逆圆弧

N310 G02 X43.8831 Y-6.1468 R20；切顺圆弧

N320 G03 X39.1152 Y-20.821 R12；切逆圆弧

N330 G02 X7.7147 Y-43.6348 R20；切顺圆弧

N340 G03 X-7.7147 R12；切削逆圆弧

N350 G02 X-39.1152 Y-20.821 R20；切顺圆弧

N360 G03 X-43.8831 Y-6.1468 R12；切逆圆弧

N370 G02 X-31.8892 Y30.7667 R20；切顺圆弧

N380 G03 X-19.4066 Y39.8385 R12；切逆圆弧

N390 G02 X19.4066 R20；切顺圆弧

N400 G01 Y70；直线切出

N410 G40 G01 X25；取消刀具补偿

N420 G00 Z100；抬刀

N430 M05；主轴停止

N440 M30；程序结束

4）机床操作步骤

（1）开机。合上数控机床的电气柜电源。

（2）启动数控系统。在机床操作面板上按【ON】键,数控系统操作面板通电后的界面如图 2-43 所示。启动后,数控系统操作面板出现 EMG 报警信息,旋开【急停】键,解除 EMG 报警信息。

（3）机床回零。重新启动机床后,数控系统必须进行返回机床参考点的操作。具体操作步骤为：在机床操作面板上选择【回零模式】,单击机床轴移动键,按【＋Z】键,当 Z 轴回零指示灯亮后,按【＋X】键,当 X 轴回零指示灯亮后,按【＋Y】键,当 Y 轴回零指示灯亮后,表示已完成返回机床参考点的动作。

（4）编写程序。把编写的加工程序输入数控系统,具体操作步骤为：在机床操作面板上选择【编辑模式】,在数控系统操作面板上按【PROG】键,输入程序名"O1515"后,按【INSERT】键,接着按【EOB】键,然后按【INSERT】键完成程序名输入,后面的程序依次输入,每段程序结束须按【EOB】键换行,直至程序结束。数控系统的程序输入界面如图 2-44 所示。

（5）启动主轴。机床开机后主轴未动之前,在机床操作面板上选择【MDI模式】,在数控系统操作面板上按【PROG】键,自动生成"O0000"程序号,程序段输入的界面如图 2-45 所示。输入程序段";M03 S500;",然后按【INSERT】键,在机床操作面板上按【循环启动】键,则主轴正转,按【复位】键使主轴停止,然后按主轴功能的【主轴正转】或【主轴反转】键,则启动主轴正转或反转。

（6）装夹零件毛坯。以零件加工实例一为例,毛坯为圆柱体 $\phi130$ mm×25 mm,用台钳把毛坯夹紧到工作台上,如图 2-46 所示。

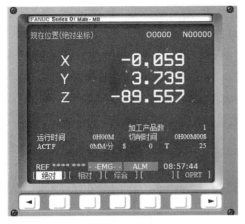

图 2-43　数控系统面板通电后的界面

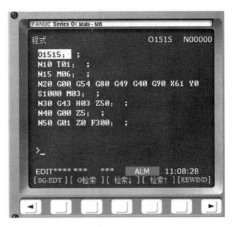

图 2-44　数控系统的程序输入界面

图 2-45　MDI 模式下的数控程序输入界面

图 2-46　装夹毛坯

（7）装夹加工刀具。根据零件加工工序卡片，设置 T1 为 φ8 硬质合金立铣刀，设置 T2 为 φ12 硬质合金立铣刀，把刀具安装到对应的刀具号上，具体的操作步骤为：在机床操作面板上选择【MDI 模式】，在数控系统操作面板上按【PROG】键，自动生成"O0000"程序号，输入程序段";M06 T01"，然后按【INSERT】键，在机床操作面板上按【循环启动】键，把 1 号刀位装入主轴，然后在机床操作面板上选择【手动模式】，若主轴无刀具，左手拿 T1 铣刀将刀柄放入主轴锥孔，按主轴刀具的【刀具夹紧】键，主轴停止吹气后完成 T1 刀具装入主轴；在机床操作面板上选择【MDI 模式】，在数控系统操作面板上按【PROG】键，自动生成"O0000"程序号，输入程序段";M06 T02;"，然后按【INSERT】键，在机床控制面板上按【循环启动】键，把 2 号刀位装入主轴，若此时主轴有刀具，左手拿稳刀具，右手按主轴刀具的【刀具松开】键，取下主轴刀具后，左手拿铣刀 T2 将刀柄放入主轴锥孔，右手按主轴刀具的【刀具夹紧】键，主轴停止吹气后完成 T2 刀具装入主轴。

（8）X、Y 轴试切对刀。零件加工前须进行对刀操作，也就是设置工件坐标系。具体的操作步骤为：在机床操作面板上选择【手动模式】，按【主轴正转】键启动主轴，按【＋X】【－X】【＋Y】【－Y】【＋Z】【－Z】键快速移动工作台至零件左边，在距离零件 20 mm 左右时，在机床操作面板上选择【手轮模式】，把手轮转到高倍率，然后转到 Z 轴，控制铣刀沿－Z 方向下刀，当铣刀头低于零件表面一定的刀具长度时，操作手轮转到低倍率，然后转到 X 轴，用手轮控制铣刀沿着－X 方向慢慢接触到零件左侧，直到铣刀刀刃轻微接触到零件左侧表面，即听到刀刃与零件的摩擦声但没有切屑，此时在数控系统操作面板上把 X 轴相对坐标置零，操作手轮转到高倍率，然后转到 Z 轴，控制铣刀沿＋Z 方向退离至零件上表面之上，在机床操作面板上选择【手动模式】，按【＋X】键快速移动工作台，让铣刀靠近零件右侧（保持 Y、Z 坐标与左侧试切时相同，即 Y、Z 相对坐标为零），在距离零件 20 mm 左右时，在机床操作面板上选择【手轮模式】，操作手轮转到高倍率，然后控制铣刀沿着－Z 方向下刀，靠近零件后操作手轮转成低倍率，然后转到 X 轴，操作手轮控制铣刀慢慢接触零件右侧，直到铣刀刀刃轻微接触到零件右侧表面，即听到刀刃与零件的摩擦声但没有切屑，记录下此时相对坐标的 X 轴坐标值为"150.040"，X 轴工件坐标原点的坐标值即为"150.040/2"，操作手轮转成高倍率后，控制铣刀沿着＋Z 方向抬高铣刀，再操作手轮转成高倍率，然后转到 X 轴，操作手轮控制铣刀移动到"75.020"，此时将机床 X 轴相对坐标置零；Y 轴对刀与 X 轴类似。接下来进行刀具参数的设置，操作手轮转到高倍率，然后转到 Z 轴，控制铣刀沿＋Z 方向抬刀，把铣刀抬高到零件表面上方 20 mm 左右，操作手轮控制铣刀移动到相对坐标 ($X0$, $Y0$) 处，然后在数控系统操作面板上按【OFS/SET】键，按【坐标系】，用【移动】键将光标移动到 G54 工件坐标系的 X 轴坐标，然后输入"$X0$"，再按【测量】键，则此时刀具所在机床坐标系的 X 轴坐标原点就会设置到工件坐标系 G54 的 X 轴坐标内，用【移动】键将光标移动到工件坐标系 G54 的 Y 轴坐标，然后输入"$Y0$"，再按【测量】键，则此时刀具所在机床坐标系 Y 轴的坐标原点就会设置到工件坐标系 G54 的 Y 坐标内，工件坐标系的对刀界面如图 2-47 所示。至此，完成了 T1 铣刀的 X 轴、Y 轴工件坐标系的对刀设置。T2 铣刀的操作过程类似。

（9）Z 轴试切对刀。具体操作步骤为：在机床操作面板上选择【手动模式】，按【主轴正转】键启动主轴，按【＋X】【－X】【＋Y】【－Y】【＋Z】【－Z】键快速移动工作台至位于零件正上方，距离零件 20 mm 左右时，在机床操作面板上选择【手轮模式】，操作手轮转到高倍率然后转到 Z 轴，控制铣刀沿－Z 方向下刀，靠近零件后把手轮转到低倍率试切零件顶面，试切完成后在数控系统操作面板把机床坐标系 Z 轴相对坐标置零，然后操作手轮控制铣刀沿＋Z 方向抬刀，位于相对坐标"$Z20$"处，然后在数控系统操作面板上按【OFS/SET】键，再按【补正】键，工件坐标系 Z 轴对刀界面如图 2-47 所示。用【移动】键将光标移动到 G001H（形状）处，输入"$Z20$"，然后按【测量】键，则完成了 T1 铣刀的工件坐标系 Z 轴对刀设置。T2 铣刀的操作过程类似。

（10）刀具半径补偿参数设置。具体操作步骤为：在数控系统操作面板上按【OFS/SET】键，再按【补正】键，刀具半径补偿参数设置界面如图 2-48 所示，用【移动】键将光标移动到 G001 位置，再将光标移至同行 D（形状）处，输入"4"，然后按【INPUT】键，则完成了 T1 铣刀半径补偿参数

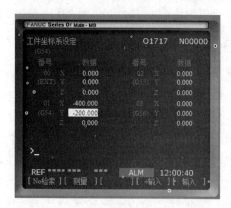

图 2-47　工件坐标系的对刀参数设置界面

设置。T2 铣刀的操作过程类似。

（11）试加工。参数设置、程序输入完成后，开始试加工。具体操作步骤为：在数控系统操作面板上按【OFS/SET】键，再按【坐标系】键，用【移动】键将光标移动到工件坐标系 G54 的 Z 坐标位置，输入"50"，然后按【输入】键，即保证试加工时走刀过程在高于零件 50 mm 处空运行，关闭机床门，在机床操作面板上选择【自动模式】（程序运行），按【单段】键，在数控系统操作面板上按【PROG】键，然后打开"O1515"程序，在机床操作面板上按【循环启动】键，机床开始一段一段地进行零件试加工。若发现问题，及时按【复位】键停止机床，修改程序，正确后再重新进行试加工。

（12）加工。试加工无误后，开始正式加工。具体操作步骤为：在数控系统操作面板上按【OFS/SET】键，按【坐标系】键，用【移动】键将光标移动到工件坐标系 G54 的 Z 坐标位置，输入"0"，然后按【输入】键，取消在高于零件 50 mm 处空运行，关闭机床门，把模式开关旋转至【自动模式】（程序运行），在数控系统操作面板上按【PROG】键，在机床操作面板上按【循环启动】键，机床自动完成零件加工。加工后的零件如图 2-49 所示。

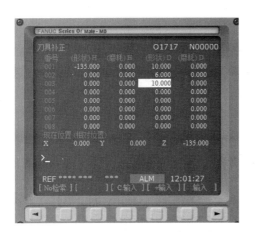

图 2-48　工件坐标系刀具半径补偿参数设置界面

图 2-49　加工后的零件

2. 零件加工实例二

如图 2-50 所示的零件，要求精加工内、外轮廓，加工深度 10 mm，材料为 45 钢，毛坯上下表面已加工平整，按要求编制数控加工程序并完成零件的加工。

1）选择进给路线

进给路线如图 2-51 所示。零件外轮廓由 4 条直线及过渡圆弧组成，过渡凹圆弧 R7 的内轮廓由 4 条圆弧相切组成。尺寸精度较高，表面粗糙度要求为 $Ra\ 3.2$，选择粗铣、精铣加工，精铣余量为 0.2 mm。材料为 45 钢，切削工艺性良好。加工时选用 $\phi12$ mm 的硬质合金立铣刀，按轮廓编程。

内轮廓与外轮廓铣削时，在 X 轴、Y 轴方向的余量均为 1 mm，每个轮廓选择在整个深度上粗铣、精铣两次加工完成。采用顺铣方式，粗铣、精铣两次的进给路线一样，使用圆弧切向切入、切出，切入点选择在坐标点计算方便的位置。

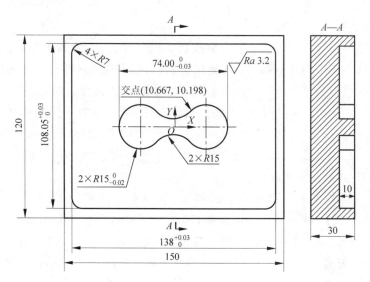

图 2-50　实例二零件图

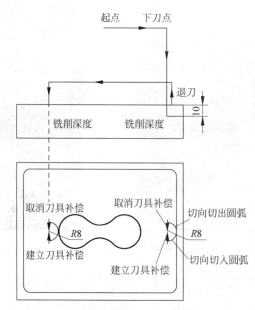

图 2-51　轮廓铣削进给路线

2）制定加工工序卡片

根据上述分析完成圆弧槽数控加工工序卡片,见表 2-16。

表 2-16　圆弧槽数控加工工序卡片

工序号		程序编号		夹具名称	使用设备	车　间	
		O0015～O0017		平口钳	XH5650		
工步号	工步内容	刀具号	刀具规格	主轴转速 /(r/min)	进给转速 /(mm/min)	切削深度 /mm	备注
1	粗、精铣内、外轮廓	T01	$\phi 12$ mm 立铣刀	1 000	500	10	

3）编写数控加工程序

编写内、外轮廓粗铣、精铣程序时,采用刀具半径补偿,按轮廓编程。使用子程序,将刀具半径补偿与取消半径补偿程序段编入子程序,调用子程序前指定刀具补偿值,内、外轮廓刀具补偿值分别由刀具补偿号设定,如可分别设置为"D01""D02"。粗铣刀具补偿值、精铣刀具补偿值的确定根据实际加工确定。编制的程序适合批量加工,实训时可以在主程序中调用内、外轮廓子程序一次。粗加工后,由实际测量尺寸去修改刀具补偿值,重新运行程序,实现精加工,这样调试程序比较方便。

O0015;程序号(内、外轮廓主程序)

N10 G00 G54 G80 G49 G40 G90 X61 Y0;快速定位到铣外轮廓下刀点

N15 G91 G30 Z0;返回换刀点

N16 T01 M06;将 1 号刀交换到主轴

N20 M03 S1000;主轴正转

N30 G43 G90 H03 Z50;建立刀具长度补偿

N40 G00 Z5;快速下刀到零件表面上方 5 mm 处

N50 G01 Z0 F300;直线下刀至零件表面

N55 G42 D01 G01 X61 Y8 F500;建立刀具右刀具补偿,圆弧进刀起点

N60 M98 P0016;调用内轮廓子程序 O0016,粗铣内轮廓

N65 G40 G01 Y0;取消刀具补偿

N70 G01 Z0 F300;提刀至零件表面,准备进行内轮廓精加工

N75 G42 D02 G01 X61 Y8 F500;建立刀具右刀具补偿,圆弧进刀起点

N80 M98 P0016;调用内轮廓子程序 O0016,精铣内轮廓

N85 G40 G01 Y0;取消刀具补偿

N90 G00 Z5;快速抬刀,为铣外轮廓定位下刀点做准备

N100 X-45 Y0;快速定位到铣外轮廓下刀点

N110 G01 Z0 F300;定位下刀

N120 G41 D01 G01 X-45 Y-8;建立刀具左刀具补偿,圆弧进刀起点

N130 M98 P0017;调用外轮廓子程序 O0017,粗铣外轮廓

N135 G40 G01 Y0;取消刀具补偿

N140 G01 Z0 F300;提刀至零件表面,准备进行内轮廓精加工

N145 G41 D02 G01 X-45 Y8;建立刀具左刀具补偿,圆弧进刀起点

N150 M98 P0017;调用外轮廓子程序 O0017,精铣外轮廓

N155 G40 G01 Y0;取消刀具补偿

N160 G01 Z10;抬刀

N170 G90 G28 Z0;Z 坐标返回参考零点

N180 M05;主轴停止

N190 M30;主程序结束

O0016;子程序号(加工内轮廓)

N10 G01 Z-10;Z 轴下刀

N20 G90 G02 X69 Y0 R8 F500;顺圆弧切向切入

N30 G01 Y-47;直线切削

N40 G02 X62 Y-54 R7；顺圆弧切削

N50 G01 X-62；直线切削

N60 G02 X-69 Y-47 R7；顺圆弧切削

N70 G01 Y47；直线切削

N80 G02 X-62 Y54 R7；顺圆弧切削

N90 G01 X62；直线切削

N100 G02 X69 Y47 R7；顺圆弧切削

N110 G01 Y0；直线切削

N120 G02 X61 Y8 R8；顺圆弧切向切出

N130 G01 Y8；退至起点

N140 M99；子程序结束

O0017；子程序号(加工外轮廓)

N10 G01 Z-10；Z轴下刀

N20 G03 X-37 Y0 R8；逆圆弧切向切入

N30 G02 X-10.667 Y10.198 R15；顺圆弧切削

N40 G03 X10.667 R15；逆圆弧切削

N50 G02 Y-10.198 R-15；顺圆弧切削

N60 G03 X-10.667 R15；逆圆弧切削

N70 G02 X-37 Y0 R15；顺圆弧切削

N80 G03 X -45 Y8 R8；逆圆弧切向切出

N90 G01 Y-8；退至起点

N100 M99；子程序结束

3. 零件加工实例三

如图 2-52 所示的零件，要求精加工内、外轮廓和钻孔，材料为 HT200，毛坯上下已加工平整，按要求编制数控加工程序并完成零件的加工。

1) 选择加工路线

图 2-52 所示的零件孔系加工中有通孔和盲孔，需要钻、铰和镗加工。所有的孔在实体上加工，为防止钻偏，均先用中心钻钻定位孔，然后再钻孔。

ϕ30 mm 孔：钻中心孔→钻孔→粗铣→精镗。

ϕ8H7 孔：钻中心孔→钻孔→铰孔。

ϕ12 mm 孔：钻中心孔→钻孔。

M10 螺纹孔：钻中心孔→底孔→攻螺纹。

对以上孔分别进行钻孔、铰孔，以及精镗、攻螺纹、铣孔，具体的加工顺序见表 2-16。

在多孔加工时，为了简化程序，可采用固定循环指令。数学处理主要是按固定循环指令格式的要求，确定孔位坐标、快进尺寸和工作进给尺寸值等。固定循环中的开始平面为 Z20，R 点平面定为零件孔口表面+Z 向 3 mm 处。

2) 制定加工工序卡片

根据上述分析，各工步所需刀具根据加工余量和孔径来确定，完成的钻孔数控加工工序卡片见表 2-17。

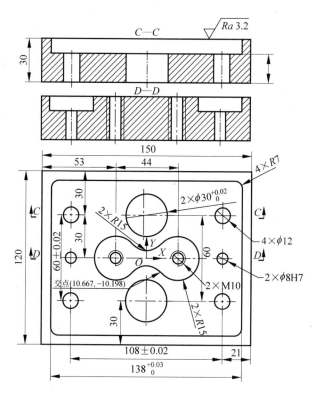

图 2-52　实例三零件图

表 2-17　钻孔数控加工工序卡片

工序号		程序编号	夹具名称		使用设备		车间
		O0018	平口钳		XH5650		
工步号	工步内容	刀具号	刀具规格 /mm	主轴转速 /(r/min)	进给速度 /(mm/min)	切削深度 /mm	备注
1	精铣 10 mm 内轮廓	T01	ϕ20 立铣刀	1 000	500	0.1	
2	精铣 10mm 内台阶	T01	ϕ20 立铣刀	1 000	500		
3	铣 ϕ30 mm 孔至 ϕ29.8 mm	T01	ϕ20 立铣刀	1 000	500		
4	钻中心孔	T02	ϕ5 中心钻	1 000	500		
5	镗 ϕ30 mm 孔	T04	ϕ29.9 镗刀	500	60		
6	钻 M10 底孔	T05	ϕ8.5 麻花钻	1 000	300		
7	钻 2×ϕ8H7 孔至 ϕ7.9 mm	T06	ϕ7.9 麻花钻	1 000	300		
8	铰 2×ϕ8H7 孔	T07	ϕ8 铰刀	300	40		
9	钻 4×ϕ12 mm 孔	T08	ϕ12 麻花钻	1 000	300		
10	攻 2×M10 螺纹	T09	M10 丝锥	500	80		

3）编写数控加工程序

O0018；主程序号

G00 G80 G49 G40 G54 G90 X62 Y0 S1000 M03；

M98 P0100；

M98 P0200；

M98 P0300；

M98 P0400；

M98 P0500；

M98 P0600；

M98 P0700；

M98 P0800；

M98 P0900；

M30；

O0100；子程序号（精铣 10 mm 内轮廓程序）

G00 G80 G49 G40 G54 G90 X62 Y0；

G91 G30 Z0；

T01 M06；

M03 S1000；

G90 G43 H01 Z50 M08；

G00 Z5；

G1 Z0 F300；

G01 Z-10；

G01 G90 G42 X69 Y0 D01 F500；

G01 Y-47；

G02 X62 Y-54 R7；

G01 X-62；

G02 X-69 Y-47 R7；

G01 Y47；

G02 X-62 Y54 R7；

G01 X62；

G02 X69 Y47 R7；

G01 Y0；

G40 G01 X62；

G01 Z5；

G00 Z100；

M09；

M05；

M99；

O0200；子程序号（精铣 10 mm 内台阶程序）

G00 G80 G49 G40 G54 G90 X-23 Y0 S1000 M03；

G43 H01 Z50 M08；

G00 Z5；

G01 Z0 F300；

G01 Z-10；

G90 G02 G41 X-37 Y0 R8 D01 F500；

G02 X-10.667 Y10.198 R15；

G03 X10.667 R15；

G02 Y-10.198 R-15；

G03 X-10.667 R15；

G02 Y0 X-10.667 R15；

G40 G01 X-23；

G01 Z5；

G00 Z100；

M09；

M05；

M99；

O0300；子程序号（钻中心孔程序）

G00 G80 G49 G40 G54 G90 X54 Y30；

G91 G30 Z0；

T02 M06；

M03 S1200；

G90 G43 H02 Z50 M08；

G00 Z5；

G81 X54 Y30 Z-11 R5 F300；

Y0；

Y-30；

X0；

X-54；

Y0；

Y30；

X0；

G80；

G00 Z15；

G81 X22 Y0 Z-1 R15 F300；

X-22；

G80；

G00 Z100；

M09；

M05；

M99；

O0400；子程序号（钻 M10 底孔程序）

G00 G80 G49 G40 G54 G90 X0 Y0；

G91 G30 Z0；

T01 M05；

M03 S1000；

G90 G43 Z50 H05 M08；

G00 Z20；

G83 X22 Y0 Z-32 R15 Q1.5 F300；

X-22；

G80；

G00 Z100；

M09；

M05；

M99；

O0500；子程序号（钻 4×ϕ12 mm，2×ϕ30 mm 下刀孔程序）

G00 G90 G80 G49 G40 G54 X0 Y0；

G91 G30 Z0；

T08 M06；

M03 S1000；

G90 G43 H08 Z50 M08；

G00 Z15；

G83 X54 Y30 Z-32 R15 Q1.5 F300；

Y-30；

X0；

X-54；

Y30；

X0；

G80；

G00 Z100；

M09；

M05；

M99；

O0600；子程序号（铣 2×ϕ30 mm 至 ϕ29.8 mm 孔程序）

G00 G90 G80 G49 G40 G54 X0 Y-30；

G91 G30 Z0；

T01 M06；

M03 S1000；

G90 G43 H01 Z50 M08；

G00 Z5；

G01 Z0 F300；

G01 Z-32；

G90 G42 D01 G01 X14.9 F500；

G02 X14.9 Y-30 I-14.9 J0；

G01 Z5；

X0 Y30；

Z-32；

G90 G42 D01 G01 X14.9 F500；

G02 X14.9 Y30 I14.9 J0；

G40 G01 X0；

G01 Z5；

G00 Z100；

M09；

M05；

M99；

O0700；子程序号（镗 2×ϕ30 mm 程序）

G00 G90 G80 G49 G40 G54 X0 Y0；

G91 G30 Z0；

T04 M06；

M03 S500；

G90 G43 H04 Z50 M08；

G00 Z15；

G76 X0 Y30 R5 Q0.05 Z-31 P1 F60；

Y-30；

G80；

G00 Z100；

M09；

M05；

M99；

O0800；子程序号（钻、铰 2×ϕ8H7 孔程序）

G00 G80 G49 G40 G54 G90 X0 Y0；

G91 G30 Z0；

T06 M06；

M03 S1000；

G90 G43 Z50 H06 M08；

G00 Z20；

G83 X-54 Y0 Z-32 R15 Q1.5 F300；

X54；

G80；

G00 Z100；

M09；

M05；

G00 G54 G90 X0 Y0；

G91 G30 Z0；

T04 M06；

M03 S300；

G90 G43 Z50 H07 M08；

G00 Z20；

G85 X-54 Y0 Z-32 R15 F40；

X54；

G80；

G00 Z100；

M09；

M05；

M99；

O0900；子程序号(攻2×M10螺纹程序)

G00 G80 G49 G40 G90 G54 X0 Y0；

G91 G30 Z0；

T04 M06；

M03 S500；

G90 G43 H09 Z50 M08；

G00 Z15；

G74 X22 Y0 R5 Z-31 P1 F80；

X-22；

G80；

G00 Z100；

M09；

M05；

M99；

习　题　2

2-1　简述数控车床、加工中心的加工范围。

2-2　试述数控车床、加工中心的对刀过程。

2-3　什么是 MDI 操作？用 MDI 操作方式能否进行切削加工？为什么？

2-4　如题 2-4 图所示零件，刀尖按"$A \to B \to C \to D \to E \to F$"的顺序移动，编写加工程序。

2-5　编写题 2-5 图所示零件的加工程序。

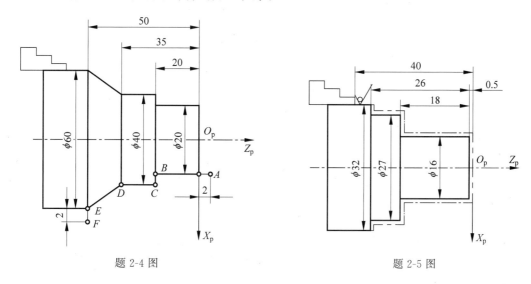

题 2-4 图　　　　　　　　　　　　　　　题 2-5 图

2-6　编写如题 2-6 图所示零件的加工程序。加工工艺过程：①车端面；②车外圆；③镗内孔及倒角；④车内螺纹；⑤切断。

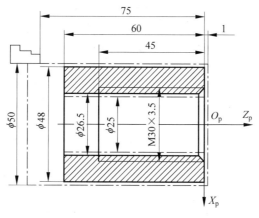

题 2-6 图

2-7　编写如题 2-7 图所示零件的加工程序。

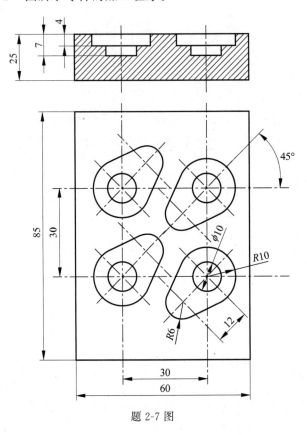

题 2-7 图

2-8　使用 $\phi 8$ mm 立铣刀采用刀具半径补偿编写如题 2-8 图所示零件的加工程序。

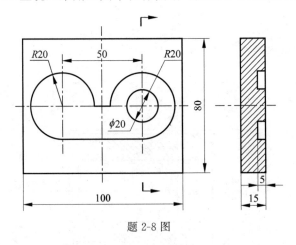

题 2-8 图

2-9　采用固定循环指令编写如题 2-9 图所示零件的孔加工程序。

2-10　零件如题 2-10 图所示,已知毛坯尺寸为 140 mm×320 mm×45 mm,材料为 45 钢,编写加工程序并加工。

2-11　自主设计创新作品,采用数控机床加工非标准零件,制作创新作品样机,简述作品的基本功能、创新结构、创新点。

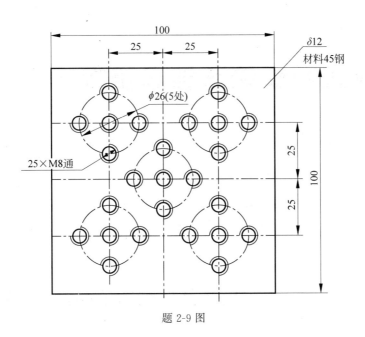

题 2-9 图

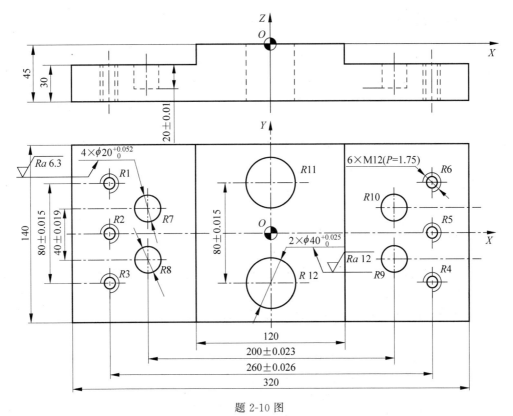

题 2-10 图

电火花线切割加工技术 第**3**章

电火花线切割加工是用线状电极丝(钼丝或铜丝)进行火花放电对零件进行切割,故称为电火花线切割加工。这种技术应用广泛,目前国内外的电火花线切割机床已占电火花加工机床的 60% 以上。

3.1　电火花线切割加工简介

3.1.1　加工原理

电火花线切割加工的基本原理是以零件作为零件电极、电极丝(一般用钼丝)作为工具电极,脉冲电源发出连续的脉冲电压施加到零件电极和工具电极上,通过放电熔化甚至气化零件来完成切割加工。电极丝与零件之间施加足够的具有一定绝缘性能的工作液。当电极丝与零件的距离小到一定程度时,在脉冲电压的作用下,工作液被击穿,在电极丝与零件之间形成瞬间放电通道,产生瞬时高温,使金属局部熔化甚至气化被蚀除下来。随着工作台带动零件不断进给,就能切割出所需要的形状。由于贮丝筒带动电极丝交替做正、反向高速移动,所以电极丝被蚀除速度很慢,可使用较长时间。

3.1.2　加工特点

(1)电火花线切割加工是轮廓切割加工,无须设计和制造成形工具电极,大大降低了加工费用,缩短了生产周期。

(2)直接利用电能进行脉冲放电加工,工具电极和零件电极不直接接触,无机械加工中常见的切削力。

(3)无论零件硬度如何,导电或半导电的材料都能进行加工。

(4)切缝最窄可达 0.05 mm,材料利用率高,可有效节约贵重材料。

(5)移动的长电极丝连续不断地通过切割区,单位长度电极丝的损耗量较小,加工精度高。

(6)一般采用水基工作液,可避免发生火灾,安全可靠,可实现昼夜无人值守连续加工。

(7)通常用于加工零件上的直壁曲面,通过 X、Y、U、V 四轴联动控制,也可进行锥度切割和加工上下截面异形体、形状扭曲的曲面体和球形体等零件。

（8）不能加工盲孔及纵向阶梯表面。

3.1.3　应用

电火花线切割加工为精密零件加工及模具制造开辟了一条新的工艺途径，主要应用于以下几个方面：

（1）加工各种精密模具，如冲模、复合模、粉末冶金模、挤压模、塑料模、胶木模等。

（2）加工各种盘形零件上的各种曲面，如齿轮、链轮、凸轮等。

（3）加工各种精密零件及样板等。

（4）切割特殊材料，如超硬材料，脆性、韧性材料等。

3.2　电火花线切割加工设备

电火花线切割加工设备主要由机床本体、脉冲电源、控制系统和机床附件等部分组成，图 3-1 为高速电火花线切割加工设备。本节以苏州某公司的高速电火花线切割机床为例介绍电火花线切割技术。

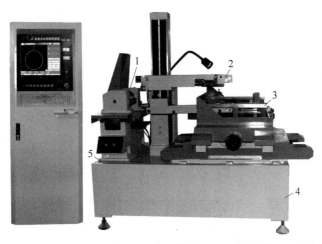

1—运丝机构；2—送丝机构；3—坐标工作台；4—工作液系统；5—床身。

图 3-1　高速电火花线切割加工设备

3.2.1　机床本体

机床本体由床身、坐标工作台、送丝机构、运丝机构、工作液系统等组成。

1. 床身

床身一般由铸铁制作，是用于支承和固定坐标工作台、送丝机构、运丝机构等的基础机构。床身一般采用箱式结构，因为其具有足够的强度和刚度。床身内部有电源和工作液箱。

2. 坐标工作台

电火花线切割机床最终通过坐标工作台与电极丝的相对运动来完成零件加工。为保证机床精度,对导轨的精度、刚度和耐磨性有较高的要求。一般采用"十"字滑板滚动导轨和丝杠螺母传动副将电动机的旋转运动变为坐标工作台的直线运动,通过两个坐标方向各自的进给移动,可合成获得各种平面图形的曲线轨迹。X、Y 轴向运动由上拖板、下拖板、滚珠丝杠、轴承座、电动机座、导轨等实现。拖板的 X、Y 轴采用直线导轨结构,分别由步进电动机经齿轮及滚珠丝杠来实现 X、Y 轴向运动,降低了传动误差,使坐标工作台得到高精度的运动轨迹。

3. 送丝机构

送丝机构使电极丝以一定的速度运动并保持一定的张力。在高速电火花线切割机床上,一定长度的电极丝平整地卷绕在贮丝筒上,电极丝的张力与排绕的拉紧力有关,贮丝筒通过联轴节与驱动电动机相连,如图 3-2 所示。为了重复使用该段电极丝,电动机由专门的换向装置控制做正、反向交替运转。走丝速度等于贮丝筒周边的线速度,否则电极丝易拉断,导轮易磨损,零件速度通常为 $8\sim10$ m/s。送丝机构由贮丝筒、导轮、电极丝、张紧机构等组成。机床配置的张紧机构,进一步减小了电极丝的抖动,降低了电极丝的损耗,提高了加工零件的表面粗糙度。

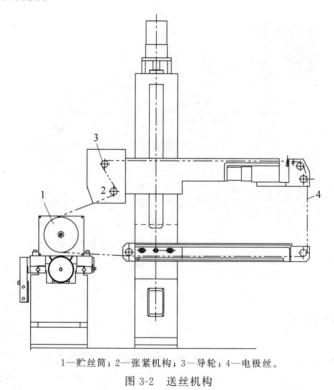

1—贮丝筒;2—张紧机构;3—导轮;4—电极丝。

图 3-2　送丝机构

4. 运丝机构

运丝机构是由贮丝筒、运丝拖板、拖板座及传动系统组成。贮丝筒由薄壁钢管制成,具有重量轻、惯性小、耐腐蚀等优点。贮丝筒的传动轴通过联轴节与电动机相连,联轴节的缓冲功能对电动机换向瞬间产生的冲击可起缓冲作用,能减少振动,延长贮丝筒传动轴的使用寿命。

5. 工作液系统

在线切割加工中,工作液对加工工艺指标的影响很大,如对切割速度、表面粗糙度、加工精度等都有影响。工作液是专用乳化液。在电火花线切割加工过程中,需要稳定地供给有一定绝缘性能的清洁工作介质(工作液),具有冷却电极丝和零件、排出电蚀产物等作用,可有效地保证火花放电持续进行。一般线切割机床的工作液系统包括工作液箱、工作液泵、流量控制阀、过滤器、供液管、上拖板、过滤网及隔板等,如图 3-3 所示。

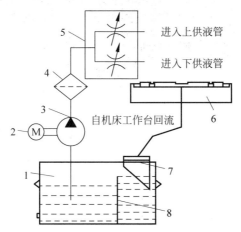

进入上供液管

进入下供液管

自机床工作台回流

1—工作液箱；2—工作液泵；3—流量控制阀；4—过滤器；5—供液管；
6—上拖板；7—过滤网；8—隔板。

图 3-3　工作液系统图

3.2.2　脉冲电源

电火花线切割加工的脉冲电源受加工表面粗糙度和电极丝允许承载电流的限制。电火花线切割加工的脉冲电源脉宽较窄($2\sim60~\mu s$),单个脉冲能量、平均电流($1\sim5$ A)一般较小,所以电火花线切割加工总是采用正极加工。脉冲电源的品种很多,如晶体管矩形波脉冲电源、高频分组脉冲电源、并联电容型脉冲电源和低损耗电源等。

3.3　电火花线切割加工绘图软件介绍

本节以苏州某公司的电火花数控加工绘图软件为例进行介绍。本软件具有绘图、图形编辑、自动编程等功能,满足电火花线切割加工机床的加工要求。如图 3-4 所示,进入电火花线切割加工软件系统界面后,单击【绘图】按钮,进入绘图系统界面,主要包括标题栏、菜单栏、常用工具栏、绘图区、绘图工具、图形编辑、状态栏、命令行、坐标信息等。

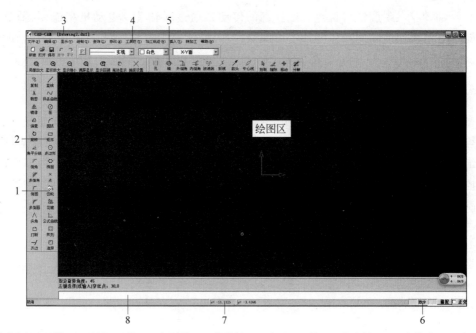

1—图形编辑工具栏；2—绘图工具栏；3—标题栏；4—菜单栏；5—常用工具栏；6—状态栏；7—坐标信息；8—绘图工具。

图 3-4　电火花线切割加工绘图软件界面

3.3.1　标题栏

软件界面上端是标题栏，标题栏用于显示软件名称和当前图形的名称。

3.3.2　菜单栏

标题栏下面是菜单栏，菜单栏包含多个平时隐藏起来的下拉菜单，每个下拉菜单由多个菜单项组成，每个菜单项又对应某个程序设定的功能、动作或者程序状态。通过选择某个指定的菜单项就可以执行对应的功能或动作，或者改变状态设定。选择菜单项既可以通过鼠标完成，也可以通过键盘完成。

1．鼠标操作

首先单击菜单栏上的主菜单，下拉菜单弹出后，单击所选的菜单项。

2．键盘操作

同时按【Alt】键和所选菜单的热键字母，带下划线的字母，如【文件（F）】可用"Alt＋F"组合键来选择。选中某个菜单后，就会出现相应的下拉菜单。

3．快捷键操作

在下拉菜单中，有些菜单选项的右边对应着相应的快捷键，如【文件（F）】菜单中的【打开(O)】选项的快捷键为"Ctrl＋O",表示按快捷键将直接执行菜单命令,可有效减少进入多层菜单的操作步骤。某些菜单选项后面带有三个圆点符号,如【打开(O)...】,表示选择该项后将自动弹出一个对话框。若下拉子菜单中的某些菜单选项显示为灰色,则表示这些选项在当前条件下不能选择。

选中图形后,右击还会弹出快捷菜单,快捷菜单将一些图形的编辑、查询等功能整合在菜单中,使操作更加快捷、方便。

3.3.3　常用工具栏

菜单栏中的【工具栏】由多个操作按钮下拉菜单组成,有文件操作工具栏、视图工具栏、绘图工具栏、图形编辑工具栏等,分别对应着某些菜单命令或选项的功能。可以直接单击这些按钮来完成指定的功能。

常用工具栏按钮简化了操作过程,并使操作过程可视化,直接单击按钮图标即可执行相应的命令。通过菜单栏中的工具栏选项,可以自己定义常用工具栏,有勾选标志的工具栏会在常用工具栏中显示,否则不会显示。

3.3.4　绘图区

绘图区是进行绘图设计的工作区,可以在这个区域进行图形的显示、绘制及编辑等操作。该区域位于整个屏幕的中心位置,占据了屏幕的大部分面积,为图形提供了尽可能多的展示空间。绘图区设置了直角坐标系,为世界坐标系,坐标原点为(0.0000,0.0000),水平方向为 X 轴,并且向右为正,向左为负;垂直方向为 Y 轴,向上为正,向下为负。绘图区用鼠标拾取的点或用键盘输入的点,都以当前工件坐标系为基准。

3.3.5　绘图工具

单击绘图工具栏中所需的功能键,即可在绘图区进行图形绘制操作。

3.3.6　图形编辑

单击图形编辑工具栏中所需的功能键,即可在绘图区进行图形删除、修改等操作。

3.3.7　状态栏

状态栏显示当前绘图状态的数据。

3.3.8　命令行

命令行用于输入绘图或辅助绘图的命令。

3.3.9　坐标信息

坐标信息用于显示当前绘图位置的坐标。

3.4　电火花线切割加工绘图软件的操作

3.4.1　文件管理

1. 新建文件

单击菜单栏中的【文件(F)】→【新建(N)】，或单击常用工具栏中的【新建】按钮，或使用快捷键"Ctrl＋N"。

2. 打开文件

单击菜单栏中的【文件(F)】→【打开(O)】，或单击常用工具栏中的【新建】按钮，或使用快捷键"Ctrl＋O"。在弹出的打开对话框中选择已有的文件，打开文件(打开的文件格式为 ＊.dxf，如 AutoCAD 保存的.dxf 文件)。

3. 保存文件

单击菜单栏中的【文件(F)】→【保存(S)】，或单击常用工具栏中的【保存】按钮，或使用快捷键"Ctrl＋S"。在弹出的保存对话框中可以修改文件名和文件保存位置，将图形保存为 ＊.dxf 格式的文件。

4. 另存为功能

单击菜单栏中的【文件(F)】→【另存为(A)】，同样弹出保存对话框。

5. 打开最近使用过的文件

单击菜单栏中的【文件(F)】→【最近文件】，最近使用的文件列表显示最近使用过的 4 个文件，可以选择其中的某个文件。选择【清除最近文件】按钮还可以清除最近使用的文件列表。

6. 退出系统

可以选择以下方式退出系统：单击菜单栏中的【文件(F)】→【退出(X)】，或单击【×】按钮。

7. 撤销命令

撤销操作可退回上一步。单击菜单栏中的【编辑(E)】→【撤销(Z)】，或单击常用工具栏中的【撤销】按钮，或使用快捷键"Ctrl＋Z"。

8. 重做命令

重做可以恢复之前所撤销的操作。单击菜单栏中的【编辑(E)】→【重做(R)】,或单击常用工具栏中的【重做】按钮,或使用快捷键"Ctrl+R"。

3.4.2　视图工具

1. 局部放大功能

单击菜单栏中的【显示(V)】→【局部放大】,或单击常用工具栏中的【局部放大】按钮,然后根据命令交互区的提示,在图形绘制区域中单击一个点,然后拖曳到另一个点放开鼠标左键,则显示窗口的第一、第二角点,绘制的白色线框为原图形,黄色线框为选择区。

2. 显示放大

单击菜单栏中的【显示(V)】→【显示放大】,或单击常用工具栏中的【显示放大】按钮。每单击一次,图形放大 1.2 倍。

3. 显示缩小

单击菜单栏中的【显示(V)】→【显示缩小】,或单击常用工具栏中的【显示缩小】按钮。每单击一次,图形缩小 1.2 倍。

4. 全屏显示

单击菜单栏中的【显示(V)】→【全屏显示】,或单击常用工具栏中的【全屏显示】按钮,使图形充满整个图形显示区域。

5. 显示回溯

单击菜单栏中的【显示(V)】→【显示回溯】,或单击常用工具栏中的【显示回溯】按钮,使图形回到上一个显示比例。

6. 拖动显示

单击菜单栏中的【显示(V)】→【拖动显示】,或单击常用工具栏中的【拖动显示】按钮,单击图形显示区域,然后可移动鼠标将图形拖曳到合适的位置,再单击【确定】。

3.4.3　捕捉功能

单击常用工具栏中的【捕捉设置】按钮,或单击右下角状态栏中的【捕捉设置】按钮,在弹出的对话框中设置捕捉点。需要捕捉时,将捕捉点勾选上,单击【确定】。绘图时,鼠标在图形上拖拽就能捕捉到需要的点。

3.4.4　查询功能

单击菜单栏中的【查询(I)】选项,可以对点坐标、两点距离、图形属性、角度、轨迹属性、加工面积及费用进行查询。

3.4.5　绘图功能

绘图功能不仅可以绘制直线、圆、圆弧、多边形、椭圆等基本图形,还可以绘制样条曲线、齿轮、花键、公式曲线、列线表等特殊图形。在绘制图形之前,根据需要对该图层绘制的线型(实线、虚线、点线、点画线、双点画线)与线的颜色进行设置。选择"X-Y"面,可以在 X-Y 图层绘制图形;选择"U-V"面,则在 U-V 图层绘制图形;选择"X-Y-U-V"面,则在两个图层绘制图形。

1. 绘制点

单击菜单栏中的【绘制(D)】→【点】,或单击绘图工具栏中的【×】按钮,启动绘制点命令。在命令行中输入坐标值(输入时用英文字符)或单击一个点完成点的绘制。右击退出绘制点操作。绘图单位是毫米(mm)。

2. 绘制直线

单击菜单栏中的【绘制(D)】→【直线】,或单击绘图工具栏中的【直线】按钮,选择直线的两种生成方式中的一种,按照提示绘制直线,完成绘制后可右击按钮退出操作。

(1)"两点线"绘制直线的方式:单击绘图区中的两个点设定直线的起点,也可以在交互区直接输入两个点的坐标。

(2)"角度线"绘制直线的方式:在命令行中输入"A"进入角度线的绘制(不区分大小写),然后按提示分别输入直线与 X 轴的夹角、直线长度及起点坐标。

3. 绘制圆

单击菜单栏中的【绘制】→【圆】,或单击绘图工具栏中的【圆】按钮,启动圆命令,选取以下四种方式中的任一种绘制圆,右击退出命令。

(1)"圆心-半径"绘制圆的方式:通过指定圆的圆心和半径值绘制圆,进入绘制圆命令后,默认以这种方式绘制圆。先确定所绘圆的圆心,可在绘图区域中单击一个点作为圆的圆心,也可直接输入点的坐标确定圆心的位置。圆心确定后可直接输入圆的半径值绘制圆,也可以在绘图区域中单击一个点。

(2)"三点式"绘制圆的方式:在命令行输入字母"t",进入三点式绘圆命令。在绘图区域中单击任意三个点,或输入三个点的坐标,绘制的圆将通过这三个点。当三个点位于同一条直线上时无法构成圆,系统会给出错误提示。

(3)"两点式"绘制圆的方式:在命令行输入"d",进入"两点式"绘圆命令,指定圆直径的两个端点绘制圆。在绘图区域中单击圆直径的两个端点,或输入圆直径两个端点的坐标即可。

（4）"两点-半径"绘制圆的方式：在命令行输入"u"则进入"两点-半径"绘圆命令，指定圆上两个点和圆的半径绘制圆。在绘图区域中单击两个点，或可自行输入两个点的坐标，绘制的圆通过这两个点并具有设定的半径。若设定的半径不能生成圆时，系统会给出错误提示。

4. 绘制圆弧

单击菜单栏中的【绘制】→【圆弧】，或单击绘图工具栏中的【圆弧】按钮，可以进入圆弧绘制命令。可根据需要选择合适的方式绘制，默认采用"三点式"绘圆弧，右击退出操作。

（1）"三点式"绘制圆弧的方式：在绘图区域中任意单击三个点或直接输入三个点的坐标绘制圆弧，绘制出来的圆弧将通过这三个点。如果所设点有误，则系统会给出相应的错误提示。

（2）"起点-圆心-圆心角"绘制圆弧的方式：在命令行输入"c"可进入"起点-圆心-圆心角"绘制圆弧命令，这种方法可绘制指定角度的圆弧。按照顺序依次指定两个点作为圆心和圆弧的起点，然后为圆弧指定圆心角。

（3）"圆心-半径-起终角"绘制圆弧的方式：在命令行输入"a"可进入"圆心-半径-起终角"圆弧绘制命令，按照顺序指定一个点作为圆心，再指定圆弧的半径，最后为圆弧指定起始角度和终止角度，就可以得到相应的圆弧。

5. 绘制矩形

单击菜单栏中的【绘制】→【矩形】，或单击绘图工具栏中的【矩形】按钮，启动矩形绘制命令。主要有两种绘制方式，默认采用"两点式"，右击可退出操作。

（1）"两点式"绘制矩形的方式：通过确定矩形左上方和右下方的两个对角点来确定矩形的大小，在绘图区域单击两个点或通过命令行输入获取两个点的坐标来创建矩形。

（2）"长度-宽度-左下角点"绘制矩形的方式：通过在命令行输入矩形的长度和宽度，然后指定矩形左下角的点来创建矩形。

6. 绘制正多边形

单击菜单栏中的【绘制】→【正多边形】，或单击绘图工具栏中的【正多边形】按钮，启动正多边形绘制命令。可根据需要设置绘制模式，如图 3-5 所示。

（1）"中心"定位方式绘制正多边形：选择这种方式绘制多边形时，还需要设定给定条件，即选择"半径"或"边长"方式。若选择"半径"方式，还需要设定正多边形与圆的创建方式，即是"外接于圆"还是"内切于圆"。然后设定多边形的"边数"和"旋转角"。设定完成后，按【确定】按钮进入绘图界面。设定多边形的中心点，若选择"半径"方式，则可根据提示，输入正多边形的内接圆或外切圆半径；若选择"边长"方式，则输入边长。

（2）"底边"定位方式绘制正多边形：选择这种方式可以绘制以底边为定位基准的正多边形，设定多边形的"边数"和"旋转角"即可。设定完成后，按【确定】

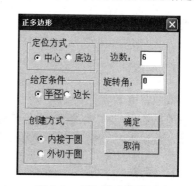

图 3-5　多边形参数设置

按钮进入绘图界面,用鼠标或键盘设定底边的定位点与多边形的边长。

7. 绘制椭圆

单击菜单栏中的【绘制】→【椭圆】,或单击绘图工具栏中的【椭圆】按钮,启动椭圆命令。用鼠标左键在绘图区单击,在命令行输入"p"进入绘图模式,然后在命令行键入椭圆长轴和短轴的长度及椭圆的中心坐标和旋转角度。

8. 绘制样条曲线

单击菜单栏中的【绘制】→【样条曲线】,或单击绘图工具栏中的【样条曲线】按钮,启动样条曲线绘制命令。执行上述命令后,在绘图区域中单击多个点确定样条曲线的型值点,或者通过命令行输入样条曲线的型值点,型值点数量超过三个即可创建样条曲线,所有型值点确定以后右击确定形成最终的曲线。

9. 绘制齿轮

单击菜单栏中的【绘制】→【齿轮】,或单击绘图工具栏中的【齿轮】按钮,启动齿轮命令,如图 3-6 所示。设定各项参数后单击【确定】按钮就可以生成对应的齿轮。

10. 绘制花键

单击菜单栏中的【绘制】→【花键】,或单击绘图工具栏中的【花键】按钮,启动花键命令,如图 3-7 所示。设定各项参数后单击【确定】按钮就可以生成对应的花键。

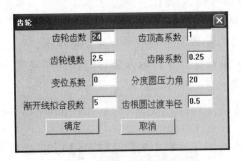

图 3-6　绘制齿轮参数设置

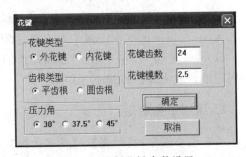

图 3-7　绘制花键参数设置

3.4.6　图形编辑

1. 拾取

拾取是各种图形编辑功能中不可缺少的一个步骤。在要拾取的图形上依次单击,或者在退出所有的操作模式后,按住鼠标左键不放,拖曳其形成黄色的拾取框,待拾取框包围所有要拾取的图形后放开鼠标左键,拾取后的图形用虚线表示。

2. 擦除

图形拾取后,单击图形编辑工具栏中的【擦除】按钮,可以删除不需要的图形。

3. 拉伸

图形选中后,可以选中其端点对其进行任意方向的拉伸。拉伸时按住键盘上的【Shift】键可以沿水平或竖直方向进行拉伸。对于直线和圆弧,拉伸时按住键盘上的【Ctrl】键可沿原图形方向拉伸。单击拉伸端点,拉伸到指定位置后放开鼠标左键即可。

4. 移动

单击菜单栏中的【修改】→【移动】,或单击常用图形编辑工具栏中的【移动】按钮,可以对图形进行移动操作。根据命令行的提示,拾取需要平移的曲线;右击完成选取;指定移动的基点(单击或通过命令行输入);在绘图区域单击或通过命令行确定移动的目标点。

5. 复制

单击菜单栏中的【修改】→【复制】,或单击图形编辑工具栏中的【复制】按钮,启动复制命令,对拾取到的实体进行复制。根据命令行的提示,拾取需要复制的曲线;完成选取;指定移动的基点(单击或通过命令行输入);在绘图区域单击或通过命令行确定复制的目标点。

6. 裁剪

单击菜单栏中的【修改】→【裁剪】,或单击图形编辑工具栏中的【裁剪】按钮,启动裁剪命令。命令启动后会在工具栏处弹出裁剪菜单项,在三个裁剪方法中任选一种即可。

(1)"快速剪裁":直接拾取被裁剪的曲线,系统自动判断边界并做出裁剪响应,系统认为裁剪边为与该曲线相交的曲线,所以必须保证有曲线与图形相交。快速裁剪一般用于比较简单的边界情况,如一条线段只与两条以下的线段相交。

(2)"边界剪裁":以一条曲线作为剪刀线,对一系列被裁剪的曲线进行裁剪。在菜单中选择"边界剪裁"方式,系统提示"拾取剪刀线:",单击拾取一条曲线,再单击拾取要裁剪的曲线。单击选取的曲线段至边界部分被裁剪,而边界的另一部分被保留。

(3)"区域剪裁":以一个封闭的区域作为剪刀线,对一系列曲线进行裁剪。在菜单中选择"区域剪裁"方式,依据提示单击拾取一条封闭的曲线作为剪裁区域,单击要保留的区域。若在剪刀线内部单击,则保留区域内的曲线;若在剪刀线外部单击,则保留区域外的曲线。

7. 镜像

镜像图形是对拾取的图形元素进行镜像拷贝或镜像位置移动。选择镜像轴可以利用图上已有的直线,也可交互给出两个点作为镜像轴。单击菜单栏中的【修改】→【镜像】,或单击图形编辑工具栏中的【镜像】按钮,启动镜像命令。根据命令行提示,单击拾取需要镜像的曲线,并右击确定;分别指定镜像线的两点(单击或通过命令行输入);通过命令行选择是否删除源对象,或右击按默认不删除完成镜像。

8. 偏置

单击菜单栏中的【修改】→【偏置】,或单击图形编辑工具栏中的【偏置】按钮,启动补偿命令。拾取图形,设定一定的补偿距离,得到补偿后的图形。按命令行提示选取图形;在命令行输入补偿距离,按【Enter】键完成补偿,若不输入补偿距离,则直接在绘图区域,即按默认距离(10 mm)进行补偿。

9. 旋转

单击菜单栏中的【修改】→【旋转】,或单击图形编辑工具栏中的【旋转】按钮,启动旋转命令,对拾取的实体进行旋转。根据命令行提示,单击拾取需要旋转的曲线,右击确定;指定移动的基点(单击或通过命令行输入);在绘图区域单击或通过命令行确定旋转的角度。

10. 角平分线

单击菜单栏中的【修改】→【角平分线】,或单击图形编辑工具栏中的【角平分线】按钮,启动角平分线命令。通过角平分线命令将两条直线相交形成的角进行平分。根据提示选取两条相交的直线后,系统自动生成角平分线。

11. 倒角

单击菜单栏中的【修改】→【倒角】,或单击图形编辑工具栏中的【倒角】按钮,启动倒角命令。选取倒角方式,输入"d"采用按距离倒角,输入"a"采用按角度倒角。

在命令行输入第一条线的倒角长度。若采用距离方式,则输入第二条线的倒角长度;若采用角度方式,则输入倒角的角度。然后,单击鼠标左键选择两条需要倒角的直线。

12. 倒圆

单击菜单栏中的【修改】→【倒圆】,或单击图形编辑工具栏中的【倒圆】按钮,启动倒圆命令。单击选取两条需要进行倒圆的曲线。在命令行输入圆角半径,按【Enter】键完成倒圆。

13. 尖角

单击菜单栏中的【修改】→【尖角】,或单击图形编辑工具栏中的【尖角】按钮,启动尖角命令,单击依次选取两条相交的曲线(尖角操作仅支持直线及圆弧),系统自动执行尖角过渡,在第一条曲线与第两条曲线的交点处形成尖角过渡。

14. 打断

单击菜单栏中的【修改】→【打断】,或单击图形编辑工具栏中的【打断】按钮,启动打断命令。打断是指将一条曲线在指定点处打断成两条曲线,以便于分别操作。

根据提示,单击在屏幕上拾取一条欲打断的曲线;单击在曲线上拾取一点或在命令行输入一点,原来的曲线即变成两条互不相干的曲线,各自成为一个独立的实体。

15. 齐边

单击菜单栏中的【修改】→【齐边】,或单击图形编辑工具栏中的【齐边】按钮,启动齐边命令,以一条曲线为边界对一系列曲线进行裁剪或延伸。

根据提示,单击拾取一条曲线作为边界即剪刀线;单击依次拾取曲线进行编辑,如果选取的曲线与边界曲线有交点,则系统按裁剪命令进行操作,即系统将裁剪所拾取的曲线至边界位置。如果被裁剪的曲线与边界曲线没有交点,那么系统将把曲线延伸至边界。

3.4.7　轨迹生成

图形绘制完成后,开始选择生成所需要的加工轨迹,如平面轨迹、异面轨迹及锥度轨迹,并且根据需要进行跳步设置。系统还允许手动编程,通过 G 代码或 3B 代码编程生成轨迹,如图 3-8 所示。

图 3-8　加工轨迹
下拉菜单

对于外部导入的 *.dxg 闭合图形,可能存在常规比例尺下不容易看出的断点,系统在生成图形时会将其当成不闭合图形处理,生成不完整的轨迹,因此可以对这些图形在生成轨迹之前进行断点检测,然后对断点进行修改后生成新轨迹。具体操作步骤为:单击菜单栏中的【加工轨迹】→【断点检测】,根据提示选择要检测的图形,单击后,图形上就会出现红色标记的断点,再单击菜单栏中的【加工轨迹】→【断点参考连接】,给出断点间的参考性连接,即用直线连接距离最短的断点;单击菜单栏中的【加工轨迹】→【断点标记清除】,可以清除红色的标记点。

单击菜单栏中的【加工轨迹】→【轨迹生成】,便弹出轨迹生成对话框,如图 3-9 所示。设置补偿半径、切割次数等相关参数后,单击【平面轨迹】或【异面轨迹】或【锥度轨迹】按钮,按命令行的提示进行操作,生成所需要的轨迹。轨迹有自动生成和手动生成两种方式,默认为自动生成。手动生成轨迹需要手动选择要加工的图形,自动生成不需要手动选择要加工的图形。轨迹引线的生成也有两种方式:端点法和长度法。系统默认端点法,根据穿丝点和切入点生成引入、引出线,这种情况下要选择穿丝点。长度法是根据切入点和引线长度来生成引入、引出线,这种情况下不需要选择穿丝点。如果设置了多次切割,还要设置支撑宽度,在图 3-9 中还可以对每刀的切割余量进行设置。对于某些尖角处有特殊要求的,需要进行清角处理,还需要选中【加清角】选项(默认为无清角)。

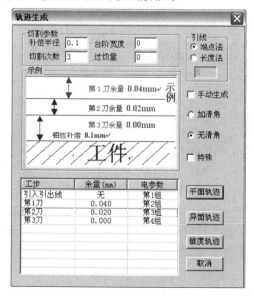

图 3-9　轨迹生成参数

3.4.8　后处理

单击菜单栏中的【加工轨迹】→【后处理】，弹出的后处理对话框如图 3-10 所示。手动编程可以直接输入 G 代码生成轨迹代码，保存现有的轨迹以及读取之前保存的轨迹，但是对已生成的轨迹不提供修改功能。

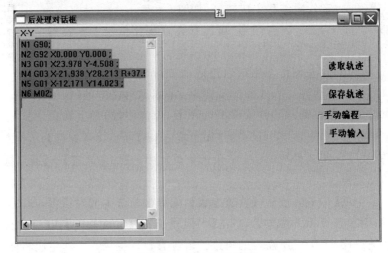

图 3-10　后处理对话框

3.4.9　返回加工

通过转加工命令可以直接进入加工系统界面，具体操作步骤为：单击菜单栏中的【转加工】→【返回加工】，则打开加工系统界面。

3.5　电火花线切割加工控制软件介绍

本节以苏州某公司的电火花数控加工控制软件 NSC-WireCut 为例进行介绍。本软件具有连续、单段、正向、逆向、倒退等加工方式，并可灵活组合加工；可实时监控线切割加工机床的 X、Y、U、V 四轴加工状态；具有加工预览功能，加工进程实时显示；加工时可进行三维跟踪显示，可放大、缩小观看图形，可从主视图、左视图、俯视图等多角度进行观察加工情况；采用四轴联动控制技术，可以方便地进行上下异形面加工，使复杂锥度图形加工变得简单而精确，可用于加工锥度工件；具有自动报警功能，在加工完毕或故障时自动报警；支持螺距补偿功能，可以对机床的丝杠螺距误差进行补偿，以提高机床精度；具有反向间隙补偿功能，可以对机床的丝杠反向间隙进行补偿，提高机床加工精度。操作界面如图 3-11 所示。双击打开电火花线切割加工控制软件，主要包括标题栏、坐标显示区、加工图形显示区、电参数显示控制区、加工代码显示区、加工状态区、手动控制区、加工控制区、加工状态控制区等。

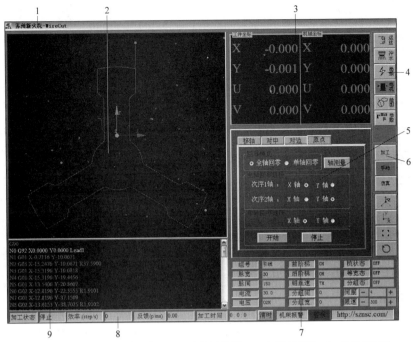

1—标题栏；2—加工图形显示区；3—坐标显示区；4—加工控制区；5—手动控制区；
6—加工状态控制区；7—电参数显示控制区；8—加工状态区；9—加工代码显示区。

图 3-11　NSC-WireCut 数控软件主界面

3.5.1　标题栏

电火花线切割加工控制软件界面的最上端是标题栏，主要用于显示标题名称。

3.5.2　坐标显示区

电火花线切割加工控制软件界面的右上端是坐标显示区，主要用于当前电机丝的坐标值。

3.5.3　加工状态控制区

加工状态控制区可以切换三种运动状态，分别为加工模式、手动移动和轨迹仿真。

1）加工模式

加工模式功能用于设置加工模式、运动模式、运动设置及运动控制等。单击加工状态控制区的功能键【加工】即可进入"加工模式"窗口，如图 3-12 所示。

2）手动移动

手动移动是通过电子手轮来进行轴的移动。手动移动只有在其他方式的移轴动作结束后，且加工状态控制区中的【手动】按钮高亮显示时才可以使用。在"移轴"选项卡里单击【矫直电参数】按钮发送矫直电极丝的参数，以方便用手轮进行电极丝矫直操作。

3）轨迹仿真

单击加工状态控制区中的功能键【仿真】进入"轨迹仿真"窗口,如图 3-13 所示。仿真过程中可以实时输入仿真速度,单击【确定】按钮完成"设置仿真速度"。速度的设置范围是0～300。单击【开始仿真】按钮进行轨迹仿真,仿真过程中可以单击【结束仿真】按钮来结束轨迹仿真状态。

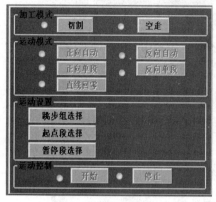

图 3-12　"加工模式"窗口

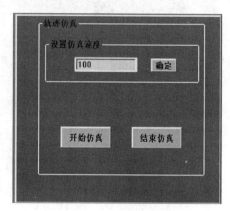

图 3-13　"轨迹仿真"窗口

3.5.4　加工图形显示区

加工图形显示区共有四个按钮,分别负责三维立体显示、平面显示、最适合显示和旋转。

3.5.5　电参数显示控制区

电参数显示控制区的功能是显示实时的电参数,对单次或多次切割的电参数进行显示。注意:当处于加工状态时,此区域内将显示伺服参数,此参数为可调整参数,也可以进行加工状态的跟踪。在加工控制区中单击【参数】按钮,在弹出的电参数设置对话框中可以对电参数进行修改,如图 3-14 所示。

组号	引线	前阶梯	OH	梳状态	OFF		
脉宽	30	后阶梯	OH	等宽态	OFF		
脉间	150	钼丝速	7H	分组态	OFF		
电流	30.0	分组间	0	伺服	−	4	+
电压	02H	分组宽	0	限速	−	300	+

图 3-14　"电参数设置"对话框

3.5.6　加工代码显示区

当打开并加载加工文件后,加工文件的内容将显示在加工代码显示区。当程序处于空走或加工状态时,相应的加工代码将会高亮显示,以达到动态跟踪的效果,如图 3-15 所示。

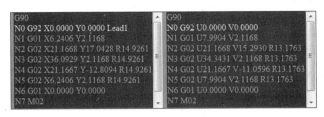

图 3-15　加工代码显示区

3.5.7　加工控制区

加工控制区的功能是对运丝、冲水、高频、电机、绘图、参数等进行控制,并显示相关参数的状态,有效状态会高亮显示,无效状态会灰色显示。

3.5.8　加工状态区

加工状态区的功能是显示机床当前的加工状态、效率、反馈、加工时间、机床报警等。进行切割时,加工时间区会显示出到目前为止加工所用的时间,单击【清时】按钮,可将当前所记录的时间清零,重新开始计时。机床的加工状态主要有正向自动、反向自动、正向单段、反向单段、短路回退、停止等状态。

3.5.9　手动控制区

手动控制区包含许多选项卡,每个选项卡对应一种功能,主要包括"移轴""对中""对边""原点"四个选项卡。若要进入某个选项卡,只需要单击相应选项卡的标签即可。软件启动时默认选择"原点"选项卡显示输入的数值为正时对应正方向,输入的数值为负时对应负方向。

1）移轴

"移轴"的功能是移动机床轴的动作。移轴动作可以精确进行移轴定位,也可以设置移轴的速度,还具有矫直参数等设置功能,方便手动控制状态下运用特定的参数直接进行电极丝矫直操作,如图 3-16 所示。移轴距离为正时机床往正方向运动,移轴距离为负时机床往负方向运动。

在"移轴"选项卡的输入框中输入移动距离,单击【开始】按钮,机床移动设定的距离后即停止移动,在移轴过程中,单击【结束】按钮来终止机床的移轴动作。移轴速度可以在 1～5 之间任意设置。在移轴功能中可以进行"矫直电参数"设置,便捷地提供较小的矫直电参数进行电极丝的垂直矫正,无须进入电参数设置功能进行设置,如图 3-16 所示。

2）对中

"对中"的功能是通过零件的对中操作设置零件中心,完成工件坐标系的设置。对中操作可以选择对中的顺序,默认先选择 X 轴进行对中。对中操作窗口可以设置对中的速度,对中速度可以在 1～5 之间任意设置,如图 3-17 所示。对中进行工件坐标系设置一般用于型腔加工。

3）对边

"对边"的功能是通过对边的操作完成工件坐标系的设置。对边操作可以设置对边的方向及对边的速度,如图 3-18 所示。在"对边"选项卡中,在"方向 X:""方向 Y:"后面的输入框中输入移动距离,单击【开始】按钮,则机床相应的轴移动设定的距离,完成后机床即停止移动,在移轴过程中,可单击【停止】按钮来终止机床的移轴动作。移轴速度可以在 1～5 之间任意设置。

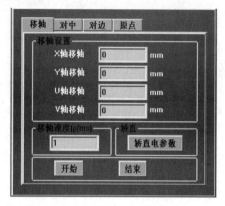

图 3-16 "移轴"选项卡

图 3-17 "对中"选项卡

4）原点

机床原点是机床的一个固定位置,由机械开关和电气系统共同确定,是机床坐标系的零点。该功能需要机床本身的硬件支持。"原点"的功能是机床进行自动回零。机床将按照选择的顺序进行回零操作,在回零过程中,将不能进行其他移轴动作,回零方向也不可变,如图 3-19 所示。

图 3-18 "对边"选项卡

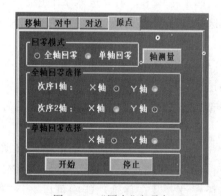

图 3-19 "原点"选项卡

"原点"选项卡提供了两种回零模式,即"全轴回零"和"单轴回零"。"全轴回零"的回零模式是在"全轴回零选择"中设置回零轴的顺序,可以一次实现 X、Y 轴的回零动作。"单轴回零"的回零模式是在"单轴回零选择"中设置需要回零的轴,可以实现 X 轴或 Y 轴的回零。本系统还具有回零保护功能,单击【开始】按钮即弹出回零确认对话框,确认是否需要进行回零操作。

"原点"选项卡还提供了轴测量的功能,主要用于配合其他检测仪器进行机床检测,如激光干涉仪。单击【轴测量】按钮,在弹出的对话框中设置检测的段数、每段长度(总长度不可超过各轴的总行程)、矫正长度及采样时间,选择要检测的轴,单击【开始】按钮机床便开始运动。

3.6　电火花线切割加工控制软件的操作

3.6.1　文件的打开与保存

在电火花线切割加工控制软件中,单击加工控制区的【读出文件】按钮,弹出"文件打开"对话框。手动及仿真模式不能进行文件的操作。

(1) 单击"文件"菜单栏中的"打开文件"菜单项,可以打开存于磁盘上的加工程序文件(.cnc 格式的文件),将其装载到加工文件显示窗口并以图形的方式在图形窗口显示。

(2) 单击"文件"菜单栏中的"保存文件"菜单项,弹出"保存"对话框,可以将当前显示的文件保存为 .cnc 文件。

(3) 单击"文件"菜单栏中的"打开模板"菜单项,启动模板功能,可以快速生成直线、圆、矩形、蛇形线等简单常用的轨迹文件,并直接加载到程序中。

选择"直线"选项卡,如图 3-20 所示,设置直线距离 X 轴及 Y 轴的距离,单击【确定】按钮生成轨迹,可以在图形显示区显示设定的直线轨迹图形,代码显示区更新为现有直线轨迹的 G 代码。

选择"圆"选项卡,如图 3-21 所示,输入圆半径及引线长度,设置凸模、凹模及引线方向,单击【确定】按钮生成轨迹,可以在图形显示区显示圆轨迹图形,代码显示区更新为现有圆轨迹的 G 代码。

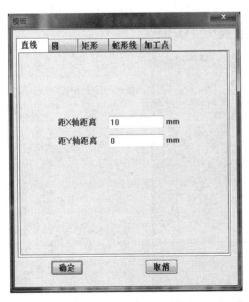

图 3-20　"直线"选项卡

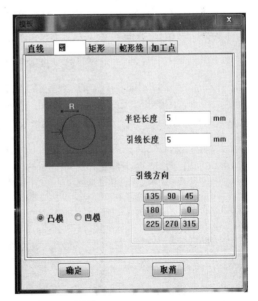

图 3-21　"圆"选项卡

选择"矩形"选项卡,如图 3-22 所示,输入矩形的长、宽及引线长度,设置凸模、凹模及引线方向,单击【确定】按钮生成轨迹,可以在图形显示区显示矩形轨迹图形,代码显示区更新为现有矩形轨迹的 G 代码。

选择"蛇形线"选项卡,如图 3-23 所示,设置参数及蛇形线的延伸方向,单击【确定】按钮生成轨迹,可以在图形显示区显示蛇形线轨迹图形,代码显示区更新为蛇形线轨迹的 G 代码。

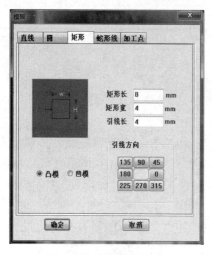

图 3-22 "矩形"选项卡

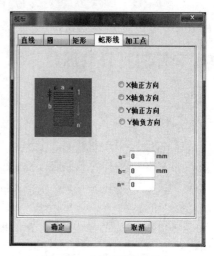

图 3-23 "蛇形线"选项卡

选择"加工点"选项卡,如图 3-24 所示,在文本框中输入点坐标,单击【增加】按钮,可以增加一个点,并在列表框中显示出刚刚增加的点坐标(如果已有一组点坐标,单击选择某个点,则在鼠标选择位置下方增加点)。在列表框中选中一条已有的点坐标信息,在文本框中显示与选中点对应的坐标数值,修改文本框中的数值,单击【更新】按钮,列表框中选中的点坐标会更新为当前修改的数值。在列表框中选中一条已有的点坐标信息单击【删除】按钮,则会删除选中的点。添加一组点坐标后,单击【确定】按钮,会生成相应的轨迹,所有点的 U、V 坐标为"0"时生成平面轨迹,U、V 坐标有非零值时生成异面轨迹。

图 3-24 "加工点"选项卡

3.6.2 轨迹旋转与对称

进行轨迹位置的旋转或对称编辑时,单击"旋转与对称设置"选项卡,可以对轨迹进行旋转或对称操作。在弹出的"旋转与对称设置"对话框中可以进行旋转角度、水平对称和垂直对称等设置。输入旋转角度后单击【设置】按钮,轨迹就会旋转需要的角度;选择对称方式,就可以得到相应的对称轨迹,如图 3-25 所示。

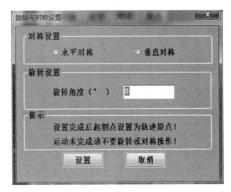

图 3-25 "旋转与对称设置"选项卡

3.7 电火花线切割加工模式的设置

加工模式分为"切割"和"空走"两种模式,它们都需要设置运动方向等运动参数。在"空走"模式下不进行放电并按照轨迹运行演示,而"切割"模式会进行放电。在某些情况下,需要对切割起点或切割中需要暂停的点在运动参数中进行设置。加工时,电子手轮不能操作机床的轴。

3.7.1 空走模式

选择"空走"模式,可以设置运动参数(正向自动、反向自动、正向单段、反向单段、直线回零)。"空走"模式不提供手动回退模式,如图 3-26 所示。如果需要可以进行跳步组、起点段、暂停段等设置。如果高频电源处于开启状态,则要先关掉高频电源,单击【开始】按钮进入空走演示(电动机自动进入工作状态,机床会跟随运动)。

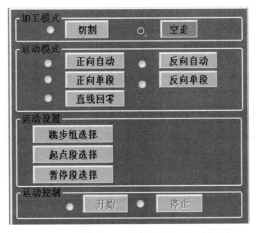

图 3-26 空走模式

3.7.2　切割模式

"切割"模式与"空走"模式的设置步骤类似,开启贮丝筒、水泵,设定运动参数,如有需要还可以进行跳步组、起点段及暂停段的设置,设置完成后单击【开始】按钮就可以进行加工了。开始切割时,系统自动打开高频,电动机进入工作状态,如图 3-27 所示。

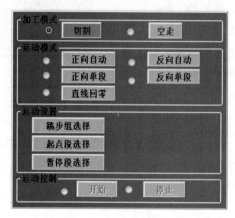

图 3-27　切割模式

3.8　绘 制 图 形

控制系统与绘图系统可以自由切换。单击【绘图】按钮,可直接切换到绘图系统。

3.9　软 件 退 出

单击屏幕右上端的【×】按钮可以关闭软件。如果加工正在进行,则应先停止加工再单击【关闭】按钮,或手动状态下"移轴""对中""对边"或"原点"操作正在执行时,也应先停止运动后再关闭软件。

3.10　电火花线切割加工的操作步骤

3.10.1　开机前准备

1)编制程序

编程和输入程序的方法很多。编制程序一般常用的工艺路线为:根据加工图纸的要求计算各点的坐标值,编制加工程序。

2）设置 Z 轴高度

根据零件的厚度不同来设置 Z 轴的高度,一般设置上喷水嘴到零件表面的距离为10 mm 左右。

3）检查工作台

通过"数控柜键盘"控制伺服电动机转动,检查工作台运动是否灵活、反应是否灵敏。

4）装夹零件

把零件的毛坯装夹在专用夹具上,根据加工范围及零件形状确定零件的位置,用压板及螺钉固定零件。对加工余量较小或特殊要求的零件,必须精确调整零件与拖板纵横方向移动的平行度,并记下 X、Y 轴的坐标值。

5）穿丝及张紧

将张紧的电极丝整齐地缠绕在贮丝筒上。因电极丝具有一定的张力,为使上下导轮间的电极丝具有良好的垂直度,确保加工精度和表面粗糙度,加工前应检查电极丝的张紧程度。加工内封闭型孔(如凹模、卸料板、固定板等)时,须选择合理的切入部位,零件应提前加工穿丝孔,电极丝通过上导轮经过穿丝孔,再经过下导轮后固定在贮丝筒。此时应记下工作台 X、Y 轴方向起点的刻度值。

6）校正电极丝

一般校正电极丝的方法是在校直器与工作台面之间放一张平整的白纸,使用校直器采用光透的方法进行 X、Y 轴方向的校正。即使 X、Y 轴方向上下透光一致,可保证电极丝垂直。

7）系统检查

检查主机、控制系统及高频电源是否正常。

3.10.2　开机

启动电源开关,计算机自动启动,机床开始运行,开启 10 min 以上,然后观察工作状态:机床各部件的运动是否正常,手控盒及机床电气工作是否正常,各个行程开关触点动作是否灵敏,工作液各进出管路及阀门是否畅通、压力是否正常、扬程是否符合要求。启动完毕,进入机床的控制系统。

启动电极丝:按下【运丝】按钮,让电极丝空运转,并检查电极丝的抖动情况和张紧程度。若电极丝过松,则应均匀用力张紧电极丝。

启动水泵并调整喷水量:启动水泵时,应先把调节阀调至关闭状态,然后逐渐开启,调节上下喷水柱围绕电极丝,使水柱射向切割区,且水量适中。

启动脉冲电源并选择电参数:根据零件对切割效率、精度、表面粗糙度的要求,选择最佳的电参数。电极丝切入零件时,设置比较小的电参数,待切入后稳定时更换电参数,使加工电流满足要求。由于电极丝在加工过程中会因损耗逐渐变细,因此在加工高精度零件时应先确认电极丝偏移量的准确性。

进入加工状态,观察电流表的指针在切割过程中是否稳定,并进行精确调节,切忌短路。

3.10.3 机床回零

开机后进行机床回零操作。选择手动控制区的"原点"选项卡。设置回零方式后单击【开始】按钮,机床将自动回到机床原点。

3.10.4 加载加工文件

加工前,一般要输入加工文件,与自动加工有关的功能是无效的。单击常用工具栏中的【文件】按钮,弹出文件操作对话框,可以从中选择要打开文件所在的路径及文件名,打开并加载加工文件,可在"加工代码显示"窗口中查看当前加工文件,还可在"加工图形显示"窗口中查看加工图形。

如果没有预先保存的加工文件,则需要重新绘制。单击【绘图】按钮,打开绘图软件进行图形绘制及轨迹的生成,轨迹完成后在后处理中对轨迹文件进行保存,然后回到加工控制软件中,再进行加工文件的打开及加载。

3.10.5 手动操作

(1)移轴。选择手动控制区中的"移轴"选项卡,可以对机床进行自动移轴操作,或直接使用手轮进行手动移轴动作。

(2)对边操作。选择手动控制区中的"对边"选项卡,可以实现零件的碰边操作。

(3)对中操作。选择手动控制区中的"对中"选项卡,可以实现零件的对中操作。

3.10.6 设置零件原点

工件坐标系的原点就是零件的原点。在加工之前,必须完成零件的工件坐标系原点与机床坐标系的对应操作。方法一:选择"移轴",手动将机床各轴移动到零件上的工件坐标系原点位置,完成工件坐标系原点与机床坐标系的对应操作设置。方法二:选择"对边"或"对中"选项卡,找到零件的边或中心,完成工件坐标系原点与机床坐标系的对应操作设置。在执行加工文件时以当前位置为起点进行加工。经过上述操作,加工的零件原点已经确定。

3.10.7 设置加工参数

开始加工前,必须设置必要的加工参数。单击【机床参数】按钮,在参数功能中选择"电参数"或"机床参数",并设置合适的电参数及机床参数。

3.10.8 开始加工

在设置了合适的运动模式后,单击运动控制区的【开始】按钮,开始加工。

3.10.9　机床暂停

自动加工过程中，如需暂停加工，则按加工控制区中的【停止】按钮，机床停止运动。

3.10.10　机床急停

自动加工过程中，如遇紧急情况，则按机床电柜上的【急停】按钮，机床停止运动。停机时，应先关工作液泵，停止一会再停运丝系统。全部加工完成后应及时清理工作台及夹具。

3.11　电火花线切割加工实例

3.11.1　加工实例一

加工 $\phi 20$ mm 的圆零件，一次切割完成。零件加工的详细操作步骤如下：

（1）单击菜单【绘图】按钮，打开绘图系统，启动绘制圆命令，选择默认的"圆心-半径"绘圆方式。

（2）确定圆心坐标。在命令行输入(0,0)，也可以在绘图区单击获取。

（3）确定半径。在命令行输入 10，就可以得到所要加工轨迹的辅助线。

（4）启动"轨迹生成"命令，如图 3-28 所示，在轨迹生成对话框中设置补偿半径、切割次数、台阶宽度、过切量等，切割次数设为 1，采用的是端点法生成引线，单击【平面轨迹】按钮，开始生成轨迹。

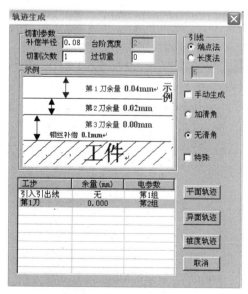

图 3-28　轨迹生成参数设置

（5）设定（15,0）为穿丝点（引入线起点），然后单击选取切入点，选择加工方向，右击确定，生成轨迹线，发送轨迹到加工系统。也可以通过"后处理对话框"保存轨迹，如图 3-29 所示。

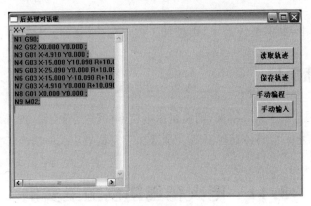

图 3-29　保存轨迹

（6）打开加工控制软件，单击"文件"菜单栏中的【读出文件】按钮，打开并加载之前保存的轨迹文件。

（7）设定电参数、机床参数，如图 3-30 所示。打开贮丝筒、水泵，加工模式选择"切割"，运动模式选择"正向自动"，单击【开始】按钮进行加工，如图 3-31 所示。开始加工后自动打开高频，停止加工后自动关闭高频。

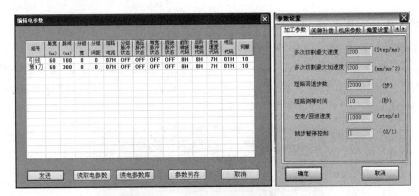

图 3-30　电参数、机床参数设置

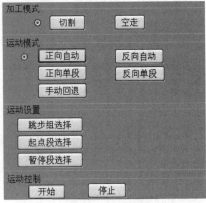

图 3-31　加工模式

3.11.2　加工实例二

加工一块 10 mm×10 mm 的方形零件,进行多次切割。零件加工的详细操作步骤如下:

(1) 在绘图软件中启动"绘制矩形"命令,在命令行输入"t",启用"长度-宽度"绘制矩形的方式。

(2) 将矩形的长度和宽度设为 10,左下角点的坐标设为(10,10)。

(3) 启动"轨迹生成"命令,设定参数,如图 3-28 所示,其中切割次数设为 3,支撑宽度设为 3,单击【平面轨迹】按钮,设置穿丝点为(25,10),单击选取切入点,加工方向确定后,右击确定生成轨迹。

(4) 保存轨迹并打开加工系统,加载之前保存的文件,在加工图形显示区显示所加工的图形,按操作步骤选择加工模式、运动模式后进行加工。

习　题　3

3-1　简述电火花线切割的加工原理和范围。

3-2　采用电火花线切割机床加工 $\phi20$ mm 的零件,材料为 5 mm 厚的钢板,简述加工步骤、工艺、加工参数。

3-3　采用电火花线切割机床加工题 3-3 图所示的零件,材料为 5 mm 厚的钢板,简述加工步骤、工艺、加工参数。

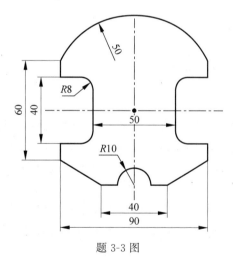

题 3-3 图

3-4　自主设计创新作品,采用电火花线切割加工非标准零件,制作创新作品样机,简述作品的基本功能、创新结构、创新点。

激光加工技术

激光技术是 20 世纪 60 年代初新发展起来的一门学科。在材料加工方面,形成了一种崭新的加工方法——激光加工(lasser beam machining,LBM)。激光加工可用于打孔、切割、焊接、热处理、电子元器件的微加工等领域。由于激光加工不需要加工工具,加工速度快,表面变形小,可以加工各种材料,在生产实践中越来越多地显示出其优越性,倍受人们重视。激光加工是利用光经过透镜聚焦后,在焦点上能达到很高的能量密度而产生的光热效应来加工各种材料。早年间,人们曾用透镜使太阳光聚焦,引燃纸张、木材等,但无法用于材料加工。因为地面上太阳光的能量密度不高,太阳光也不是单色光,而是红、橙、黄、绿、青、蓝、紫等不同波长的多色光的组合,聚焦后的焦点并不在同一平面内。

激光是可控的单色光,强度高,能量密度大,可以在空气介质中高速加工各种材料,因此日益获得广泛的应用。

4.1　激光加工简介

4.1.1　激光产生的原理

1. 光的物理概念及原子的发光过程

1) 光的物理概念

直到近代,人们才认识到光既具有波动性,又具有微粒性,也就是说光具有波粒二象性。人们能够看见的光称为可见光,波长为 $0.4 \sim 0.76\ \mu m$。可见光根据波长不同可分为红、橙、黄、绿、青、蓝、紫 7 种光,波长大于 $0.76\ \mu m$ 的称为红外光或红外线,波长小于 $0.4\ \mu m$ 的称为紫外光或紫外线。

量子学说认为,光是一种具有一定能量以光速运动的粒子流,这种具有能量的粒子就称为光子。不同频率的光对应不同能量的光子,光子的能量与光的频率成正比,即

$$E = h\nu \tag{4-1}$$

式中,E 为光子能量,J;h 为光的频率,Hz;ν 为普朗克常数,6.626×10^{-34} J・s。

一束光的强弱与这束光所含的光子多少有关,对同一频率的光来说,所含的光子数越多强度越强,反之越弱。

2) 原子的发光过程

原子由原子核和绕原子核转动的电子组成。原子的内能是电子绕原子核转动的动能和被原子核吸引的位能之和。如果由于外界的作用,使电子与原子核的距离增大或缩小,则原子的内能也随之增大或缩小。电子只有在最靠近原子核的轨道上运动才最稳定,这时原子所处的能级状态称为基态。当外界传给原子一定的能量时(如用光照射原子),原子的内能增加,外层电子的轨道半径扩大,原子被激发到高能级,称为激发态或高能态。被激发到高能级的原子一般不稳定,它总是有回到能量较低能级的趋势,原子从高能级回到低能级的过程称为跃迁。

在基态时,原子可以长时间地存在,原子在各种高能级激发状态停留的时间(称为寿命)一般较短,常在 $0.01~\mu s$ 左右。但是,有些原子或离子的高能级或次高能级却有较长的寿命,这种寿命较长的较高能级称为亚稳态能级。激光材料中的氦原子、二氧化碳分子及固体激光材料中的铬或钕离子等都具有亚稳态能级,这些亚稳态能级的存在是形成激光的重要条件。

当原子从高能级跃迁回低能级或基态时,常常会以光子的形式辐射出光能量。原子从高能级自发地跃迁到低能级的发光过程称为自发辐射。日光灯、氙灯等光源都是由于自发辐射而发光的。由于各个受激原子自发跃迁返回基态时的顺序不一致,辐射出来的光子在方向上是四面八方的,加上它们的激光能级很多,所以辐射出来光的频率和波长也不一样,单色性很差,方向性也很差。

物质的发光,除自发辐射外,还存在受激辐射。当一束光入射到具有大量激发态原子的系统中时,若这束光的频率很接近,则处在激发能级上的原子在这束光的刺激下会跃迁回较低能级,同时发出一束光,这束光与入射光有着完全相同的特性,其频率、相位、传播方向、偏振方向是完全一致的。因此,可以认为它们是一模一样的,相当于把入射光放大了,这样的发光过程称为受激辐射。

2. 激光的产生

某些具有亚稳态能级结构的物质,在一定外来光子能量激发的条件下,会吸收光能,使处在较高能级(亚稳态)的原子(或粒子)数目大于处于低能级(基态)的原子数目,这种现象称为粒子数反转。在粒子数反转的状态下,如果有一束光子照射该物体,光子的能量恰好等于这两个能级相对应的能量差,就会产生受激辐射,输出大量的光能。当某些物质被一定频率的光子照射"刺激"时,可以产生能级的受激辐射跃迁,出现雪崩式的连锁反应,发出一定频率的单色光,这就是激光。

4.1.2　激光的特性

激光也是一种光,它具有一般光的共性,如反射、折射、衍射、干涉等,但也有其自身的特性。普通光源的发光是以自发辐射为主,基本上是无秩序地、相互独立地发射光,发出光的方向、位相或者偏振状态都不同。激光则不同,它发射光是以受激为主,因此光波基本上是有组织地、相互关联地发射,发出的光波具有相同的频率、方向、偏振态和严格的相位关系,因此激光具有强度高、单色性好、相干性好和方向性好等特性。

1. 强度高

红宝石脉冲激光器的亮度要比高压脉冲灯高 370 亿倍,比太阳表面的亮度也要高 200 多亿倍,所以亮度和强度特别高。激光可以实现光能在空间和时间上的亮度集中。如果把 1 s 时间内所发出的光压缩在亚毫秒数量级内发射,形成短脉冲,则在总功率不变的情况下,瞬时脉冲功率又可以提高几个数量级,从而大大提高了激光的亮度。

2. 单色性好

在光学领域中,单色是指光的波长(或者频率)为一个确定的数值。实际上,严格的单色光是不存在的,单色光都是指波长在一定光谱范围内的光。单色光的光谱范围是衡量单色性质量的尺度,光谱范围越小,单色性就越好。激光具有很好的单色性。

3. 相干性好

光源的相干性可以用相干时间或相干长度表示。相干时间是指光源先后发出的两束光能够产生干涉现象的最大时间间隔。在这个最大的时间间隔内,光所走的路程(也叫光程)就是相干长度,它与光源的单色性密切相关。某些单色性很好的激光器所发出的光,在采取适当的措施以后,其相干长度可达到几十千米。

4. 方向性好

光束的方向性是用光束的发散角来表示的。普通光源由于各个发光中心独立发光,具有不同的方向,所以发射的光束发散。由于激光是定向发射,所以可以把激光束压缩在很小的立体角内。

4.1.3　激光加工的特点

(1) 聚焦后,激光加工的功率密度很高,光能转化成的热能,几乎可以熔化、气化任何材料,连耐热合金、陶瓷、石英、金刚石等硬材料也能加工。

(2) 激光光斑大小可以聚焦到微米级,输出功率可以调节,因此可用于精密微细加工。

(3) 激光加工所用的工具是激光束,是非接触加工,所以没有明显的机械力,也没有工具损耗的问题。加工速度快、热影响区小,不仅容易实现加工过程自动化,还能通过透明体进行加工,如对真空管内部进行焊接加工等。

(4) 与电子束加工等比较,激光加工装置比较简单,不要求复杂的抽真空装置。

(5) 激光加工是一种瞬时、局部熔化气化的热加工,影响因素很多,因此,精微加工时,加工精度、重复加工精度和表面粗糙度不易保证,必须进行反复试验,寻找合理的参数才能达到一定的加工要求。由于光的反射作用,对于表面光泽或透明材料的加工,必须预先进行着色或打毛处理,使更多的光能被吸收后转化为热能,用于加工。

（6）加工中会产生金属气体和火星等飞溅物,所以要注意通风,及时抽走废气,操作者也应佩戴防护眼镜。

4.2　激光加工设备

4.2.1　激光加工设备简介

激光加工机床的主要部件包括激光器、电源、光学系统及机械系统四大部分。激光器是激光加工的重要设备,它把电能转换成光能,产生激光束。电源为激光器提供所需要的能量及控制功能。光学系统包括激光聚焦系统和观察瞄准系统,后者能观察和调整激光束的焦点位置,并将加工位置显示在投影仪上。机械系统主要是床身,包括在工作范围内移动的工作台及机电控制系统等。随着电子技术的发展,目前已采用计算机来控制工作台的移动,实现激光加工的数控操作。

目前,常用的激光器按激活介质的种类可以分为固体激光器和气体激光器,按激光器的工作方式大致可分为连续激光器和脉冲激光器。

4.2.2　常用的激光器

1. 固体激光器

固体激光器一般用光激励,能量转换环节多,光激励能量大部分转换为热能,所以效率低。为了避免固体介质过热,固体激光器通常采用脉冲工作方式,并设置了冷却装置,很少采用连续工作方式。固体激光器常用的物质有红宝石、钕玻璃和掺钕钇铝石榴石三种。

由于固体激光器的工作物质尺寸比较小,因而其结构比较紧凑。固体激光器包括工作物质、光泵、玻璃套管、滤光液、冷却水、聚光器和谐振腔等部分。

光泵的作用是供给工作物质光能,一般用氙灯或氪灯作为光泵。脉冲状态工作的氙灯有脉冲氙灯和重复脉冲氙灯两种。前者只能每隔几十秒工作一次,后者可以每秒工作几次至十几次,且后者的电极需要用水冷却。

2. 气体激光器

气体激光器一般用电激励,因其效率高、寿命长、连续输出功率大,所以广泛用于切割、焊接、热处理等加工。常用于材料加工的气体激光器有二氧化碳激光器、氩离子激光器等。二氧化碳激光器是以二氧化碳气体为工作物质的分子激光器,连续输出功率可达万瓦级,是目前连续输出功率最高的气体激光器,发出的谱线在 $10.6~\mu m$,位于红外区附近波段,二氧化碳激光器输出最强的激光波长为 $10.6~\mu m$。二氧化碳激光器的效率可达 20% 以上,这是因为二氧化碳激光器的工作能级寿命比较长,一般在 $10^{-3} \sim 10^{-1}~s$ 范围内。工作能级寿命长有利于粒子数反转的积累。另外,二氧化碳的工作能级离基态近,激励阈值低,电子碰撞分子可把分子激发到工作能级的概率比较大。

为了提高激光器的输出功率,二氧化碳激光器一般加氮气(N_2)、氦气(He)、氙气(Xe)等辅助气体和水蒸气。二氧化碳激光器主要包括放电管、谐振腔、冷却系统和激励电源等部分。

放电管一般用硬质玻璃管做成,对要求高的二氧化碳激光器可以采用石英玻璃管制造,放电管的直径约几厘米,长度可以从几十厘米至数十米。二氧化碳激光器的输出功率与放电管的长度成正比,通常每米输出功率平均可达 $40 \sim 50$ W。为了缩短二氧化碳激光器的长度,可以将放电管做成折叠式的,折叠的两段之间用全反射镜来连接光路。

二氧化碳激光器的谐振腔多采用平凹腔,一般以凹面镜作为全反射镜,以平面镜作为输出端反射镜。全反射镜一般镀金属膜,如金膜、银膜或铝膜。这三种膜对 $10.6~\mu m$ 光的反射率很高,其中金膜稳定性最好,所以用得最多。输出端反射镜的形式主要是在一块全反射镜的中心开一小孔,外面再贴上一块能透过 $10.6~\mu m$ 波长的红外材料,激光便从这个小孔通过。

二氧化碳激光器的激励电源可以用射频电源、直流电源、交流电源和脉冲电源等,其中交流电源使用最为广泛。

4.3　激光加工的应用

4.3.1　激光加工的范围

激光已广泛应用到激光焊接、激光切割、激光打孔(包括斜孔、异形孔、膏药打孔、水松纸打孔、钢板打孔、包装印刷打孔等)、激光淬火、激光热处理、激光打标、玻璃内雕、激光微调、激光光刻、激光制膜、激光薄膜加工、激光封装、激光修复电路、激光布线、激光清洗等领域。近些年,激光几乎无处不在,生活、科研方面也开始进行研究,例如激光针灸、激光裁剪、激光唱片、激光测距仪、激光陀螺仪、激光铅直仪、激光手术刀、激光炸弹、激光雷达、激光枪、激光炮等。下面简单介绍工程中常用的激光打孔和激光切割技术。

1. 激光打孔

使用激光几乎可在任何材料上打微型小孔,目前已应用于火箭发动机和柴油机的燃料喷嘴、化学纤维喷丝板、钟表和仪表的宝石轴承、金刚石拉丝模具等方面,激光打孔适合自动化连续打孔。例如,在钟表行业,激光可在红宝石轴承上加工直径 $0.12 \sim 0.18$ mm、深 $0.6 \sim 1.2$ mm 的小孔,若采用自动传送,每分钟可以连续加工几十个宝石轴承。生产化学纤维用的喷丝板,要求在直径 100 mm 的不锈钢喷丝板上打 10 000 多个直径 0.06 mm 的小孔,采用数控激光加工不到半天即可完成。激光打孔的直径可以小到 0.01 mm 以下,深径比可达 $50:1$。激光打孔的成形过程是材料在激光热源照射下产生一系列热物理现象的综合结果。激光打孔与激光束的特性和材料的热物理性质有关。

2．激光切割

激光切割的原理和激光打孔的原理基本相同。不同的是，激光切割时零件与激光束要相对移动，在生产实践中，一般都是零件移动。如果是直线切割，还可借助于柱面透镜将激光束聚焦成线，提高切割速度。激光切割大都采用重复频率较高的脉冲激光器或连续输出的激光器。但连续输出的激光束会因热传导使切割效率降低，同时热影响层也较深。因此，在精密机械加工中，一般采用高重复频率的脉冲激光器。

激光可用于切割各种各样的材料。既可以切割金属，也可以切割非金属；既可以切割无机物，也可以切割皮革之类的有机物。它可以代替锯切割木材，代替剪子切割布料、纸张，还能切割无法进行机械接触的零件（如从电子管外部切断内部的灯丝）。由于激光对被切割材料几乎不产生机械冲击和压力，故适宜切割玻璃、陶瓷和半导体等既硬又脆的材料。大量生产实践表明，由于聚焦后的激光光斑小、切缝窄，且便于自动控制，所以更适宜于对细小部件做各种精密切割。大功率二氧化碳激光器输出的连续激光可以切割钢板、钛板、石英、陶瓷、塑料、木材、布匹、纸张等，且工艺效果较好。

4.3.2　激光加工实例

1．加工实例一

本节以北京某公司生产的激光切割机为例讲述激光切割过程，设备外形如图 4-1 所示。该设备是二氧化碳激光切割机，工作台面尺寸为 1 300 mm×900 mm，工作台面高度可调范围为 200 mm，可用于切割丙烯酸、纸板、木材、纺织品、层压板、亚克力板等。

图 4-1　激光切割机设备外形

1）控制面板介绍

（1）主控板。激光切割机的主控板根据零件材料和尺寸设置相关加工参数，主控界面如图 4-2 所示，主控板的功能键见表 4-1。

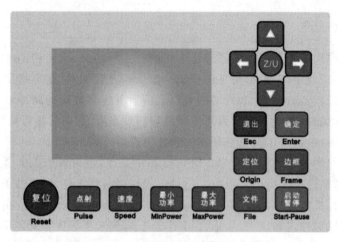

图 4-2　激光切割机主控界面

表 4-1　主控板的功能键列表

按　键	功　能
复位	复位控制系统
点射	点射出光
速度	根据当前控制状态,设置当前图层的加工速度
最小功率	根据当前控制状态,设置当前图层的加工最小功率,或设置脉冲键的点射最小功率
最大功率	根据当前控制状态,设置当前图层的加工最大功率,或设置脉冲键的点射最大功率
文件	文件管理
定位	加工定位
边框	定位边框
启动/暂停	开始或暂停加工
退出	根据当前控制状态,取消当前任务,或退回上级菜单
确定	根据当前控制状态,确认修改,或进入下级菜单
← →	根据当前控制状态,移动激光头向左或向右,或移动光标向左或向右
▲ ▼	根据当前控制状态,移动激光头向上或向下,或修改数值增大或减小
Z/U	进入设置菜单

（2）主界面。激光切割机开机后,控制面板显示的主界面如图 4-3 所示,功能键见表 4-2。

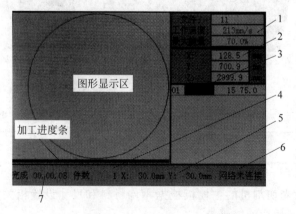

1—加工参数；2—坐标；3—图层参数；4—统计信息；5—加工范围；6—联机状态；7—运行状态。

图 4-3　激光切割机主界面

表 4-2　主界面的功能键列表

区　　域	功　　能
图形显示区	显示当前任务的图形,并可跟踪加工过程
加工参数	根据当前控制状态,显示当前任务的加工参数,或显示空闲状态参数
坐标	显示激光头的当前坐标
图层参数	显示当前任务的图层参数,可以选择或修改参数
加工进度条	显示当前任务的加工进度
运行状态	显示系统的当前状态
统计信息	显示加工任务的统计信息
加工范围	显示任务图形外接边框的尺寸信息
联机状态	显示设备联网状态

（3）速度。按【速度】键进入速度设置对话框,设置加工速度,如图 4-4 所示。按 ◀ 或 ▶ 键移动光标至要修改的数位,按 ▲ 或 ▼ 键修改数值,按【确定】键确认修改,单击【取消】键取消修改。

（4）最小/最大功率。按【最小功率】键或【最大功率】键进入功率设置对话框,如图 4-5 所示。按【Z/U】键切换激光器 1 或激光器 2,然后按上述方法修改参数值。

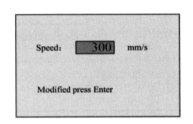

图 4-4　加工速度设置

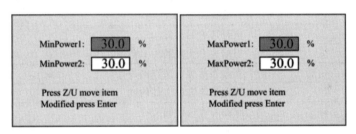

图 4-5　设置最小/最大功率

（5）图层参数。选中加工任务后,按【确定】键激活图层列表,按 ▲ 或 ▼ 键选择要修改的图层,再次按【确定】键进入图层参数对话框,如图 4-6 所示。按【Z/U】键选择要修改的参数,根据上述方法修改参数值。

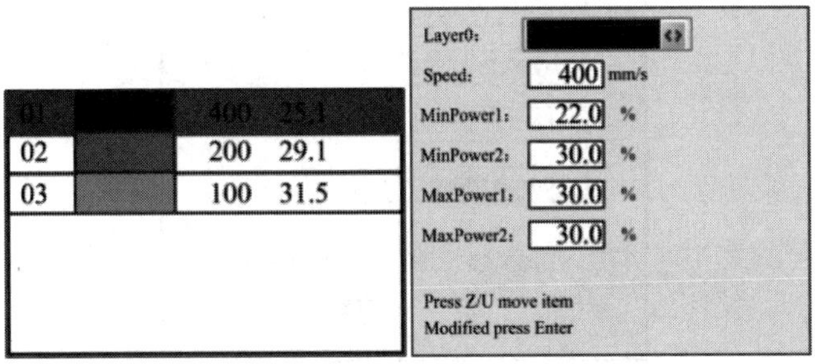

图 4-6　设置图层参数

（6）文件。在机床空闲状态下，按【文件】键进入文件管理界面，如图 4-7 所示，功能键见表 4-3。进入文件管理界面，系统会显示当前内存中的任务列表，按▲或▼键选择文件，任务的详细信息会显示在右侧的预览窗口中，按【确定】键选择当前文件并返回主界面。

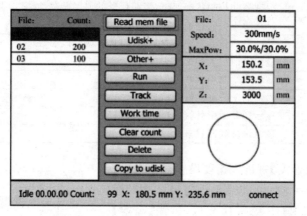

图 4-7　文件参数设置

表 4-3　文件功能键列表

按　　钮	功　　能
Read mem file	读取内存文件列表
Udisk＋	U 盘相关操作功能
Other＋	其他操作功能
Run	执行选中的文件
Track	当前选中文件的加工范围
Work time	查看当前选中文件的预计加工时间
Clear count	清除当前选中文件的加工计数
Delete	删除当前选中的文件
Copy to udisk	复制当前选中的文件至 U 盘

按【Other＋】按钮进入子菜单，如图 4-8 所示，功能键见表 4-4。

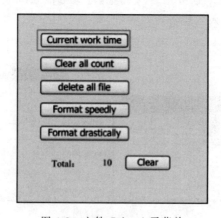

图 4-8　文件 Other＋子菜单

表 4-4　Other＋功能键列表

按　　钮	功　　能
Current work time	查看当前任务的预计加工时间
Clear all count	清除所有任务的加工计数
delete all file	删除内存中的所有文件
Format speedly	执行快速格式化,内存中所有文件将被删除
Format drastically	执行彻底格式化,内存中所有文件将被彻底删除
Total	显示所有文件的总加工计数

系统除了调用内存的文件,还可调用 U 盘文件。插入 U 盘后,单击 U 盘按钮进入子菜单,如图 4-9 所示,功能键见表 4-5。

表 4-5　外接 U 盘功能键列表

按　　钮	功　　能
Read udisk	读取 U 盘文件列表
Copy to memery	复制选中的文件至内存
Delete	删除选中的文件

(7) 系统设置。机床空闲状态下,按【Z/U】键进入系统设置菜单,如图 4-10 所示。按▲或▼键移动光标,按【确定】键进入对应的子菜单,功能键见表 4-6。

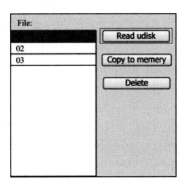

图 4-9　设置外接 U 盘

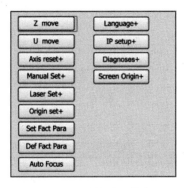

图 4-10　系统设置菜单

表 4-6　系统设置功能键列表

按　　钮	功　　能
Z move	选中该项,按◀或▶键向上或向下移动工作台
U move	选中该项,按◀或▶键移动旋转轴顺时针或逆时针转动
Axis reset＋	选中该项,按【确定】键进入子菜单,设置轴的原点
Manual set＋	选中该项,按【确定】键进入子菜单,设置【移动】键的操作模式
Laser set＋	选中该项,按【确定】键进入子菜单,设置激光【点射】键的操作模式
Origin set＋	选中该项,按【确定】键进入子菜单,设置【定位】键的操作模式
Set Fact Para	选中该项,按【确定】键弹出密码输入对话框
Def Fact Para	选中该项,按【确定】键载入厂家参数

续表

按　　钮	功　　能
Auto Focus	选中该项,按【确定】键进行自动对焦
Language+	选中该项,按【确定】键弹出语言选择对话框
IP setup+	选中该项,按【确定】键弹出 IP 地址设置对话框
Diagnoses+	选中该项,按【确定】键弹出诊断对话框,可查看各个传感器的状态
Screen Origin+	选中该项,按【确定】键弹出屏幕原点设置对话框

2) 加工操作

以加工圆形零件为例说明加工步骤,完成加工任务。

(1) 双击桌面上的 EagleWorks 图标,打开 EagleWorks 软件,软件界面如图 4-11 所示。使用绘制工具栏中的工具绘制简单的图形,通过切割属性栏编辑图形,用对齐工具栏的工具对齐或放置图形,在系统工作区设置加工参数,在加工控制区下载或保存任务。

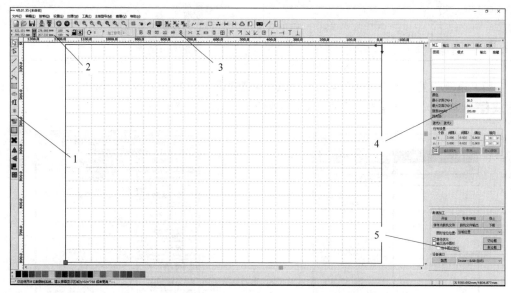

1—绘制工具栏;2—切割属性栏;3—对齐工具栏;4—系统工作区;5—加工控制区。

图 4-11　EagleWorks 软件的主界面

(2) 单击绘制工具栏中的【○】工具绘制一个直径 30 mm 的圆形,如图 4-12 所示。

(3) 设置加工参数。双击"系统工作区"的【图层】键,会弹出图层参数对话框,如图 4-13 所示。选择"Speed"中的"Default"选项,将"Processing Mode"设置为"Cut",选中"Max Power"和"Min Power"中的"Default"选项,然后单击【Ok】键保存参数。

(4) 使用设备的 USB 线将设备连接至计算机。

(5) 发送任务至设备。选择加工控制区中的"路径优化"选项,然后单击【Download】键将任务下载至设备,如图 4-14 所示。

(6) 打开文件。在激光切割机的主控板上按【文件】键,进入文件浏览菜单,如图 4-7 所示。使用 ▲ 或 ▼ 键选择刚才发送到设备中的文件,按【确定】键打开文件。

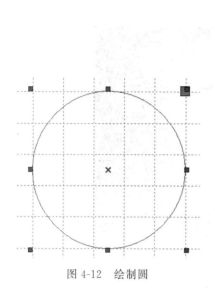

图 4-12 绘制圆

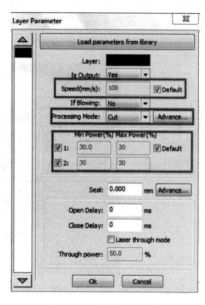

图 4-13 设置加工参数

（7）设置加工参数。按【确定】键进入当前图层的参数设置菜单，按【Z/U】键选择"速度"，按 ▲ 或 ▼ 键修改速度为 10 mm/s，然后将"Max Power1"和"Min Power1"修改为 98%。

（8）设置定位点。使用【移动】键将激光头移动至零件上方合适的位置，按【定位】键完成定位操作。

（9）确定加工位置。按【定位框】键，激光头将定位当前加工任务的加工范围。

（10）对焦。将对焦块放置在激光头下方，松开激光头的螺丝，让激光头自然下落至零件，锁紧螺丝，如图 4-15 所示。

（11）开始加工。关上设备上盖，按【开始/暂停】键开始加工。

（12）完成加工。打开设备上盖，取出加工好的零件，如图 4-16 所示。

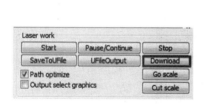

图 4-14 发送任务

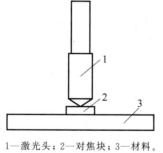

1—激光头；2—对焦块；3—材料。

图 4-15 对焦

图 4-16 加工完的零件

2. 加工实例二

本实例以广州某公司的激光切割机为例讲述激光切割过程，设备外形如图 4-17 所示。

该设备的激光器是美国原装密封式金属射频管,激光波长 $9.3\ \mu m/10.6\ \mu m$,输出功率 $30\sim$ 100 W,工作台面高度的可调范围为 200 mm,可用于切割丙烯酸、纸板、木材、纺织品、层压板、亚克力板等。

图 4-17　激光切割机设备外形

1) 激光切割机操作软件

激光切割机操作软件的参数设置选项卡包含激光设定、模式设定、页面设定、能阶设定等。

(1) "激光设定"选项卡

"激光设定"(即图 4-18 中的"雷射设定")选项卡可以设定 8 种颜色的功率、速度、PPI(每英寸的脉冲数),还可进行语言设置。按【储存】键保存设置的参数,下一次使用时按【载入】键调出需要的参数设置,如图 4-18 所示。

图 4-18　"激光设定"选项卡

① 单击【颜色】键,可分别设定激光切割机提供的8种颜色的功率、速度及PPI。若在绘图软件中使用的非此8种颜色,加工程序将会自动选择较接近的颜色,并设定该颜色的激光控制参数。

② 单击【功率】键,设定激光功率的输出。如激光头的最大功率为30 W,若设定输出功率为50%,则实际上会产生的激光功率为15 W。

③ 单击【速度】键,设定切割/雕刻的速度。切割机设定的最高速度为3 600 mm/s,若设定切割/雕刻速度为50%,则实际上的切割/雕刻速度约为1 800 mm/s。

④ 单击【PPI】键,设定每英寸的脉冲数。此参数只对切割加工有所影响,建议在切割粗糙材料(如木材)时降低PPI的设定值,切割光滑材料(如亚克力板)时增加PPI的设定值。

⑤ 设定功率、速度与PPI的参数后,单击【设定】键来完成设置。

⑥ 单击【预设值】键,所有参数会恢复成原先程序所设定的默认值。

⑦ 单击【储存】键,可选择要储存参数文档(* . lcf)的位置。

⑧ 单击【载入】键,显示"加载设定文件"窗口,加载储存的参数设定文档(* . lcf)。

⑨ 单击【版本】键,显示此驱动程序的版本号。

⑩ 单击【进阶设定】键,弹出"进阶设定"对话框,如图4-19所示。

在"进阶设定"对话框,单击【偏位调整】键,可以通过向左或向右调整加工的激光射线角度。为了保证激光加工角度正确,激光切割机使用3~6个月必须进行偏位调整。当激光加工的零件出现"模糊"或"重影"时,表示系统必须进行调整,调整测试步骤为:

(a) 发送 iLaserTuning. prn 文件至激光切割机。

(b) 准备一块亚克力板用来加工测试,此材料不需要高功率雕刻,速度设置为100%即可显示出雕刻效果,材料尺寸应至少为160 mm×20 mm。将材料放置在工作平台的中间,试样如图4-20所示。

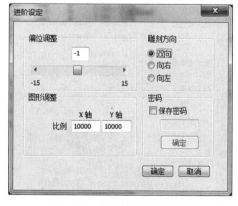

图4-19 "进阶设定"对话框

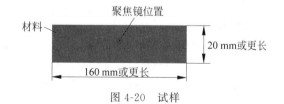

图4-20 试样

(c) 使用 AutoFocus 进行自动对焦。

(d) iLaserTuning. prn 是一个开启暂时原点的文件,参考点的位置数值设定在中间,执行加工前,应先将聚焦镜移动至材料的中间位置。

(e) 这个文件预设的功率及速度为100%,可通过控制面板修改预设的功率和速度,建议使用 100％速度或 50％速度。

（f）打开排气系统。

（g）开始加工。

（h）加工完成的图形效果如图 4-21 所示，使用放大镜观察图形上的线条，选择最细的线即可。如图 4-22 所示，"－1"对应的是最细线，进入 iLaser"进阶设定"，在"偏位调整"对话框中输入最细的线条所对应的数字，然后单击【确定】键完成。

图 4-21　加工完成的图形效果

在"进阶设定"对话框，调整图形范围为 9 500～10 500，预设为 10 000。当 X 轴变更为 10 500 时，表示 X 轴方向的长度会乘以 1.05。如果输入值超出了可调范围，则设定值会自动变回原先的设置 $X=10\ 000$，$Y=10\ 000$。

在"进阶设定"对话框，雕刻方向可选择"双向""向右"或"向左"。选择"双向"，表示由左到右及由右到左皆会激发出激光；选择"向左"，激光只会在由右向左时激发，反之亦然。单一方向的雕刻可以得到较精致的雕刻效果，但较为耗时。

在"进阶设定"对话框，勾选"保存密码"框，输入密码，然后单击【确定】完成。

（2）"模式设定"选项卡

"模式设定"选项卡包含三种设定模式：工作模式、进阶模式、打点模式，还包含解析度、雕刻设定、切割/雕刻选项，如图 4-23 所示。

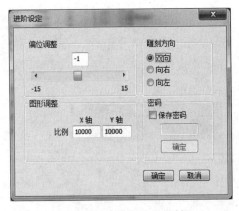

图 4-22　"偏位调整"对话框

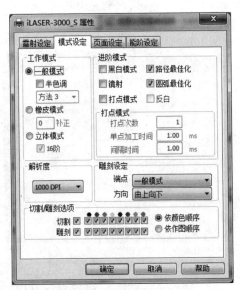

图 4-23　"模式设定"选项卡

① 工作模式包括一般模式、橡皮模式和立体模式。

（a）"一般模式"采用 8 组激光控制参数，可雕刻影像文件、文字和图形及切割线条。使用"半色调"功能可将位图快速转换成灰阶位图,得到较精致的雕刻效果。

(b)"橡皮模式"用于制造橡皮图章,可制造高质量印章所需的斜肩功能,使得细线能增加强度。"橡皮模式"可以输入"补正"参数,此参数的特点是用于增加字体线条的宽度。

(c)"立体模式"用于雕刻3D立体图像。驱动程序会将位图转换成256阶灰阶,再将灰阶对应到激光功率,如此雕刻出来的图形就会根据图形的明暗变化呈现深浅变化,但计算过程较费时。若勾选"16阶",驱动程序会将位图转换成16阶灰阶,除了第1阶(白色)和第16阶(纯黑色)的激光功率由驱动过程控制外,其余14阶的激光功率值可在"能阶设定"中调整。

② 进阶模式包括黑白模式和镜射。

(a)"黑白模式"把所有雕刻图案转换成黑与白两种颜色,控制参数只采用8组中的黑色部分。图案的切割部分则仍维持8组激光控制参数。

(b)"镜射"可以将图形进行水平反转,雕刻透明材料时,此功能是非常有用的。在将文件传送至切割机前,先开启"预览"功能方可准确地知道雕刻后的位置。

③ 打点模式用来设置钻孔次数、时间、间隔等参数。

④ 解析度也叫分辨率,用来控制雕刻时激光点的密度。分辨率越高,激光点间的距离越小,可提供较高的打点密度,但也需要更长的雕刻时间,另外,图形运算所需的时间也越长。

⑤ 雕刻设定包括端点和方向。

(a)"端点"有一般模式和区块模式两个选项。选择"一般模式"时,X滑块的移动距离会随图形的范围而改变。当选择"区块模式"时,激光头移动以图形范围的最大距离为基准,不会随图形的范围而改变,此种方式的雕刻效果比一般模式精致,但较为耗时。

(b)"方向"有由上向下和由下向上两个选项。"由上向下"方式决定了开始雕刻的位置位于图形的顶端或底部。由于烟道口位于工作平台后侧,当选择"由下向上"时,可以得到较为干净的雕刻表面。

⑥ 切割/雕刻选项。设定"雕刻或切割选项"时,可按颜色设定雕刻或切割。程序将图形中所有使用的颜色区分为8组,并以预设的8种颜色来设定激光能量、加工速度和分辨率。"雕刻或切割选项"可进一步设定此8组颜色中的雕刻部分和切割部分是否执行。切割部分分为"依作图顺序"或"依颜色顺序"两种切割方式。选择"依颜色顺序",则按程序所设定的颜色顺序切割,颜色相同时再按照绘图的顺序切割。选择"依作图顺序",则按绘图软件设定的绘图顺序切割。

(3)"页面设定"选项卡

"页面设定"选项卡包含5种设定方式:页面尺寸、档案标题、重复执行、工件属性及定位模式,如图4-24所示。

① 页面尺寸。"页面尺寸"对话框提供了宽度和高度信息。

② 档案标题。设置加工文件的文件名。文件名由英文和阿拉伯数字组成,会显示在操作面板的屏幕上。

③ 重复执行。输入后执行加工次数及工件数。

④ 工件属性。在"工件属性"对话框中可以使用旋转轴来加工圆柱材料。选择"工件属性设定"选项,在"直径"输入框中输入所要加工的材料直径。选择"自动偏移"选项,可将图形由页面上部自动移至页面下部。以旋转模式进行雕刻时,开始加工时不会空转。这个功

能更容易调整加工位置。在"工件属性"对话框可选择加工及旋转轴的分辨率。

⑤ 定位模式。"暂时参考点功能"选项的功能是确认在所选取的位置加工时,零件范围是否会超出切割机的工作范围,若超出将无法加工。"材料参考点"选项有 9 个相对应的位置点,分为左上角、上方中央、右上角、左侧中心、中心点、右侧中心、左下角、下方中央及右下角。勾选"结束后停留",则工件加工完成后激光头停留在结束位置。

(4)"能阶设定"选项卡

"能阶设定"选项卡分为两个部分,即"能阶设定"和"自订能阶",如图 4-25 所示。

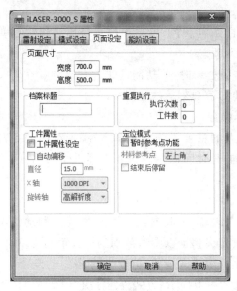

图 4-24 　"页面设定"选项卡

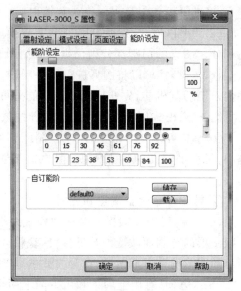

图 4-25 　"能阶设定"选项卡

① 能阶设定。"能阶设定"对话框用来调整激光功率,由左到右共 14 阶。若选择"橡皮模式",则"能阶设定"可调整零件的斜肩曲线;若选择"立体模式",并勾选"16 阶",则"能阶设定"可调整各灰阶对应的激光功率。各能阶功率值可直接输入或以垂直滚动条调整。移动水平滚动条可加载预设的零件斜肩曲线。垂直滚动条旁的两个输入栏用于设定预设斜肩功率值的上、下限。

② 自订能阶。"自订能阶"对话框可储存 5 组能阶值。

2)激光切割机的控制面板

激光切割机包含多个控制键、移动键、选择键等,其控制面板如图 4-26 所示。

(1)光标向上移动:在激光切割机控制面板屏幕中,移动光标向上或增加设定值。

(2)返回:退回上层目录。

(3)光标向下移动:在激光切割机控制面板屏幕中,移动光标向下或减少设定值。

(4)进入:进入子目录或确定。

(5)上一个文件:在文件列表中选择上一个文件。

(6)下一个文件:在文件列表中选择下一个文件。

(7)停止:在暂停模式下停止加工,但无法在非暂停模式时停止加工。

(8)执行/暂停:系统运行时,暂停加工;系统暂停时,则继续执行加工。

(9)移动 X 滑块至 P1:移动 X 滑块至设定的 P1 位置。

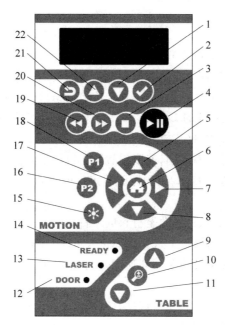

1—光标向上移动；2—返回；3—光标向下移动；4—进入；5—上一个文件；6—下一个文件；7—停止；8—执行/暂停；
9—移动 X 滑块至 P1；10—移动 X 滑块至 P2；11—导向光开关；12—向左移动 X 滑块；13—向右移动 X 滑块；
14—向前移动 X 滑块；15—向后移动 X 滑块；16—原点校正；17—待机指示灯；18—激光指示灯；19—门指示灯；
20—向上移动工作平台；21—自动对焦；22—向下移动工作平台。

图 4-26　实例二激光切割机的控制面板

（10）移动 X 滑块至 P2：移动 X 滑块至设定的 P2 位置。

（11）导向光开关：正常情况下为打开/关闭红光。

（12）向左移动 X 滑块：表示向左移动 X 滑块。若要快速移动 X 滑块，持续按此按钮即可。

（13）向右移动 X 滑块：表示向右移动 X 滑块。若要快速移动 X 滑块，持续按此按钮即可。

（14）向前移动 X 滑块：表示向前移动 X 滑块。若要快速移动 X 滑块，持续按此按钮即可。

（15）向后移动 X 滑块：表示向后移动 X 滑块。若要快速移动 X 滑块，持续按此按钮即可。

（16）原点校正：如果 X、Y 轴有失步的情况，按此按钮可以进行运动系统原点校正。在原点校正完成后，按"🔄"键储存原点坐标并返回。

（17）待机指示灯：待机指示灯亮起时表示机器已待机，无任何加工或暂停。

（18）激光指示灯：激光指示灯亮起时表示激光已待机。

（19）门指示灯：门指示灯亮起时表示所有具安全装置的门已关闭。

（20）向上移动工作平台：表示向上移动工作平台。若要快速移动工作平台，持续按此按钮即可。

（21）自动对焦：根据设定的焦距，自动调整材料和聚焦镜片间的距离。

（22）向下移动工作平台：表示向下移动工作平台。若要快速移动工作平台，持续按此按钮即可。

3）操作实例

切割一块 50 mm×30 mm×5 mm 的矩形亚克力板，如图 4-27 所示。

（1）打开电源，等待机器启动。

（2）打开绘图软件 AutoCAD，绘制 50 mm×30 mm×5 mm 的矩形。

（3）把装有 AutoCAD 文件的 U 盘插入激光切割机的 USB 接口。

（4）准备一块亚克力板，将材料放置在工作平台的中间。

（5）此材料不需要以高功率雕刻，速度设置为 100% 即可。

（6）使用 AutoFocus 进行自动对焦，调整聚焦高度，移动激光头到对焦块上方，按【🔍】键，后按【Yes】键。

（7）选择加工原点，将激光头移动至材料的工件原点。

（8）在激光切割机的控制面板上选择该 AutoCAD 文件。

（9）通过控制面板修改预设的功率和速度，设置加工功率及速度为 50%。

（10）打开排气系统。

（11）确认控制面板上所有的 LED 灯亮，按【⏸】键启动加工。

加工完成后的零件如图 4-28 所示。

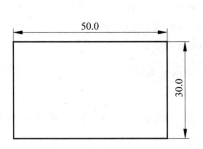

图 4-27　实例二零件图

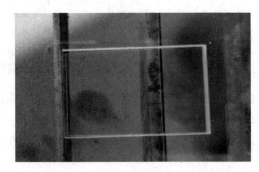

图 4-28　实例二加工完成的零件图

习　题　4

4-1　简述激光加工的原理和范围。

4-2　采用激光切割机加工 ϕ30 mm 的零件，材料为 5 mm 厚的亚克力板，简述加工步骤、工艺、加工参数。

4-3　采用激光切割机加工边长 20 mm 的零件，材料为 5 mm 厚的亚克力板，简述加工步骤、工艺、加工参数。

4-4　采用激光切割机设计并加工题 4-4 图所示的零件，材料为 5 mm 厚的亚克力板。

4-5　自主设计创新作品，采用激光加工非标准零件，制作创新作品样机，简述作品的基本功能、创新结构、创新点。

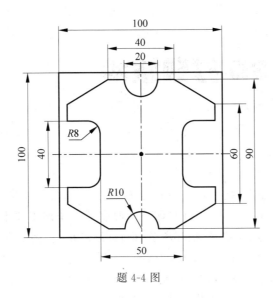

题 4-4 图

3D 打印技术

  3D 打印（也称增材制造）技术是一种非传统加工工艺，是一项集光、机电、计算机、数控及新材料于一体的先进制造技术。3D 打印技术改变了传统加工技术以切削材料为主的制造方式，而是将粉末、液体、片状、丝状等离散材料逐层堆积，直接生成三维实体。3D 打印的过程是：首先通过 CAD 软件（UG，SolidWorks 等）建模，然后将三维模型"切片"（slicing）成多层截面数据，生成 3D 打印机可识别的文件格式（STL 文件），并把这些信息传送到 3D 打印机，3D 打印机根据切片数据文件控制机器将多层二维切片堆砌起三维实体。3D 打印的原理如图 5-1 所示。

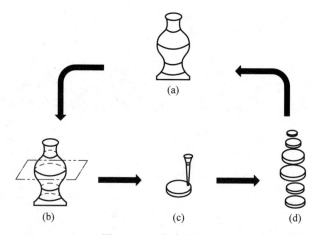

图 5-1 3D 打印的原理

(a) CAD 模型；(b) 切片处理；(c) STL 文件；(d) 层层堆积

  3D 打印机识别的国际通用标准文件是 STL 文件，是由 3D Systems 公司于 1988 年制定的。STL 文件由多个三角形面（triangular face）定义组成，每个三角形面包括三角形顶点的三维坐标及三角形面的法矢量（normal vector），只能描述三维物体的几何信息，不支持颜色材质等信息，是计算机图形学、数字几何、数字几何工业应用和 3D 打印机支持的最常见文件格式。3D 打印的工艺过程是从三维建模开始，然后经过二维切片生成打印数据描述文件，最后二维切片逐层堆积形成三维实体。因此，理论上只要在计算机上设计出三维模型，就可以利用该技术绕过传统制造复杂的生产工艺，快速地将设计变成实物，这符合现代和未来制造业对产品个性化、定制化、特殊化需求的发展趋势，可以说，3D 打印技术使制造技术获得了革命性的进步。在众多的 3D 打印技术中，熔融堆积成形（fused deposition modeling，FDM）、选择性激光烧结（selective laser sintering，SLS）、选择性激光熔融

(selective laser melling，SLM)、立体光固化成形(stereo lithography apparatus，SLA)、三维打印成形(3D printing，3DP)、叠层实体制造(laminated object manufacturing，LOM)是目前市场上主流的 3D 打印技术。

5.1　熔融堆积成形技术

在 3D 打印技术中，熔融堆积成形(FDM)设备的机械结构最简单，设计最容易，制造成本、维护成本和材料成本最低，因此熔融堆积成形技术是目前应用最广泛的 3D 打印技术。

5.1.1　熔融堆积成形技术的原理

熔融堆积成形技术是将丝状热熔性材料加热熔化，通过一个微细的喷头喷出。热熔性材料熔化后从喷头喷出后堆积在制作面板或上一层已固化的材料上，待温度降低到固化温度后固化，通过材料的层层堆积形成最终产品。熔融堆积成形工艺的原理如图 5-2 所示，其成形过程是：熔融堆积成形切片软件自动将三维模型分层，生成每层的模型成形路径和必要的支撑路径。所用材料分为模型材料和支撑材料。相应的喷头也分为模型材料喷头和支撑材料喷头。

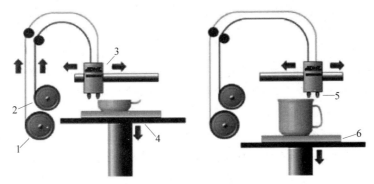

1—成形材料丝盘；2—支撑材料丝盘；3—加热熔化腔(在 X-Y 轴方向移动)；
4—成形工作台(在 Z 轴方向移动)；5—喷头；6—泡沫板。
图 5-2　熔融堆积成形工艺原理

熔融堆积成形技术加工的每一个产品，从最初的造型到最终的加工完成主要经历的过程如下：

(1) 三维 CAD 建模。三维 CAD 模型数据是成形产品真实信息的虚拟描述，它将作为快速成形系统的输入信息，所以在加工之前要先利用计算机软件建立成形产品的三维 CAD 模型。三维模型可以通过 SolidWorks、UG 或 Creo 等通用的三维设计软件设计完成。

(2) 三维 CAD 模型的近似处理。由于成形产品通常具有比较复杂的曲面，为便于后续的数据处理，减少计算量，首先要对三维 CAD 模型进行近似处理。近似处理的原理是用很多的小三角形平面替代原来的面，相当于将原来的所有面进行矢量化处理，用三角形的法矢量和三个顶点坐标对每个三角形进行唯一标识，可以通过控制和选择小三角形的尺寸来达到所需要的精度要求。

（3）三维 CAD 模型数据的切片处理。快速成形实际完成的是每层的加工，然后工作台或喷头发生相应的位置调整进而实现层层堆积。因此，要得到喷头的每层运动轨迹，就要获得每层的数据。对近似处理后的模型进行切片处理，就是提取出每层的截面信息，生成数据文件，再将数据文件导入快速成形机中层层加工。切片的层厚越小，成形产品的质量越高，但加工效率低；反之，则成形产品的质量低，加工效率高。

（4）加工成形。在数据文件的控制下，快速成形机的喷头按每层数据信息逐层工作，一层一层地堆积，最终完成整个成形产品的加工。

（5）成形产品的后处理。从打印机中取出的成形产品，还要进行去支撑、打磨、抛光等处理，以进一步提高打印成形的产品质量。

5.1.2　熔融堆积成形技术的特点

熔融堆积成形技术与其他快速成形技术相比具有以下优点：

（1）制造设备可用于办公环境，没有毒气或有毒化学物质的危害。

（2）可快速构建瓶状或中空零件。

（3）与其他使用粉末和液态材料的工艺相比，丝状材料更加清洁，易于更换和保存，不会在设备中形成粉末或液态污染。

（4）成形产品的精度和物理化学特性要求不高时，具有明显的价格优势。

（5）可选用多种材料，如可染色的 ABS、医用 ABS、聚酯 PC、聚砜（PSF）、聚乳酸（PLA）和聚乙烯醇（PVA）等。

（6）后处理简单，仅用几分钟到十几分钟的时间剥离支撑后，就可以得到成形产品。

熔融堆积成形技术与其他快速成形技术相比存在以下缺点：

（1）成形精度低，打印速度慢。

（2）控制系统智能化水平低。采用熔融堆积成形技术的 3D 打印机操作相对简单，但在成形过程中仍会出现问题，需要有丰富经验的技术人员操作机器，以便随时观察成形状态。因为当成形过程中出现异常时，现有的系统无法进行识别，也不能自动调整，如果不进行人工干预，将无法继续打印或将缺陷留在零件里，因此限制了使用熔融堆积成形技术的 3D 打印机的普及。

（3）打印材料限制性较大。熔融堆积成形机的打印材料存在很多缺陷，例如：打印材料易受潮，因为打印材料受潮将影响熔融物挤出的顺畅性，易导致喷头堵塞，不利于零件成形；塑性材料打印时，成形过程中和成形后存在一定的收缩率，这会造成打印过程中零件翘曲、脱落和打印完成后零件变形，影响加工精度，浪费打印材料。

5.1.3　熔融堆积成形材料

熔融堆积成形技术要求成形材料熔融温度低、黏度低、黏接性好和收缩率小。熔融温度低是为了方便加热；材料的黏度低，流动性好，阻力小，有助于材料顺利挤出。如果材料的流动性差，则需要很大的送丝驱动力才能将其挤出，会增加喷头的启停响应时间，从而影响成形精度。材料的收缩率会直接影响最终成形产品的质量,因此收缩率越小越好。根据熔融堆积成形的工艺要求,目前可以用来制作线材或丝状材料的主要有石蜡、塑料、尼龙丝等低熔点材料。熔融堆积成形工艺还要用到支撑材料。支撑材料是在 3D 打印过程中对成形材料起到支撑作用的部分,打印完成后,支撑材料需要进行剥离,因此要求支撑材料一般为水溶性材料,即在水中能够溶解,方便剥离。

5.2　选择性激光烧结技术

选择性激光烧结(SLS)技术又称选区激光烧结技术,采用二氧化碳激光器作为能源,目前使用的打印材料为各种粉末。

5.2.1　选择性激光烧结技术的原理

选择性激光烧结技术以二氧化碳激光器为能源,利用计算机控制激光束烧结非金属粉末、金属粉末或复合物的粉末薄层等,以一定的速度和能量密度按分层面的二维数据进行烧结,层层堆积,最后形成成形产品。选择性激光烧结技术包括 CAD 技术、数控技术、激光加工技术和材料科学技术等,其工艺原理如图 5-3 所示。目前,选择性激光烧结技术使用的材料主要为尼龙粉末、塑料粉末及金属粉末等。对于金属粉末进行激光烧结时,烧结之前,整个工作台被加热至一定的温度,可减少成形中的热变形,有利于层与层之间的黏合。

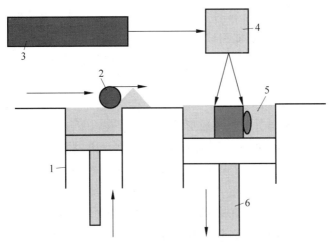

1—粉末传送系统;2—辊筒;3—激光器;4—激光扫描系统;5—粉末床;6—制造成形柱塞。

图 5-3　选择性激光烧结工艺原理

整个工艺装置由 4 部分组成,包括粉末缸、成形缸、激光器、计算机控制系统。工作时,在计算机中建立成形产品的三维 CAD 模型,然后用分层软件对其进行处理,得到每个加工层的数据信息。成形加工时,设定预热温度、激光功率、扫描速度、扫描路径、单层厚度等工艺参数,先在工作台上用辊筒铺一层粉末材料,由二氧化碳激光器发出的激光束在计算机的控制下,根据成形产品各层横截面的 CAD 数据,有选择地对粉末层进行烧结。在激光照射的位置上,粉末材料被烧结在一起,未被激光照射的粉末仍呈松散状,作为成形产品和下一层粉末的支撑;粉末缸活塞(送粉活塞)上升,先在基体上用辊筒均匀地铺一层金属粉末,并将其加热至略低于材料熔点,以减少热变形,有利于与前一层面结合,然后,激光束在计算机控制光路系统的精确引导下,按照零件的分层轮廓有选择地进行烧结,使材料粉末烧结或熔化后凝固形成零件的一个层面,没有烧结的地方仍保持松散状态,并可作为有悬臂的微结构下一层烧结的支撑;烧结完一层后,基体下移一个截面层厚,铺粉系统铺设一层新粉,计算机控制激光束再次扫描进行下一层的烧结。多次往复循环,层层叠加,制作完成三维成形产品。最后将未烧结的粉末回收到粉末缸中,取出成形件,再进行打磨、抛光等后处理工艺,最终形成满足要求的成形产品。

5.2.2　选择性激光烧结技术的特点

选择性激光烧结技术与其他快速成形技术相比具有以下优点:

(1)可采用多种材料。

(2)制造工艺简单。由于未烧结的粉末可对模型的空腔和悬臂部分起支撑作用,不必像立体光固化成形和熔融堆积成形工艺那样另外设计支撑结构,因此可以直接生产形状复杂的零件及部件。

(3)材料利用率高。未烧结的粉末可重复使用,无材料浪费,成本较低。

(4)成形精度依赖于所使用材料的种类和粒径、成形产品的几何形状及其复杂程度等,原型精度达±1%。

(5)应用广泛。由于成形材料的多样化,可选用不同的成形材料制作不同用途的成形产品,可制作用于结构验证和功能测试的塑料功能件、金属零件、模具、蜡模、砂型和砂芯等。由于选择性激光烧结成形材料品种多,用料节省,成形产品的性能分布广泛,适合多种用途。此外,选择性激光烧结无须设计和制造复杂的支撑系统,所以选择性激光烧结技术的应用越来越广泛。

选择性激光烧结技术与其他快速成形技术相比存在以下缺点:

(1)工作时间长。零件加工之前,需要大约 2 h 把粉末材料加热到临近熔点,在加工之后需要 5~10 h 来冷却,然后才能从粉末缸里面取出原型产品。

(2)后处理较复杂。选择性激光烧结的原型制件在加工过程中,是通过加热并熔化粉末材料实现逐层粘接的,因此,成形产品的表面呈现出颗粒状,需要进行一定的后处理。

(3)烧结过程会产生异味。高分子粉末材料在加热熔化等过程中,一般会产生异味。

(4)设备价格较高。为了保障工艺过程的安全性,必须在加工室里充满氮气,所以设备成本较高。

5.2.3　选择性激光烧结用材料

选择性激光烧结技术的成形材料十分广泛。理论上讲,任何加热后能够形成原子间黏结的粉末材料都可以作为选择性激光烧结的成形材料。目前,可成功进行选择性激光烧结成形加工的材料有石蜡、高分子材料、金属粉末、陶瓷粉末和复合粉末材料。烧结材料是选择性激光烧结技术发展的关键环节,它对烧结件的成形速度、精度及其物理、力学性能起着决定性作用,将直接影响成形产品的应用及选择性激光烧结技术的竞争力。目前已开发出多种激光烧结材料,按材料性质可分为以下几类:金属基粉末材料、陶瓷基粉末材料、覆膜砂、高分子基粉末材料等。

(1) 直接选择性激光烧结技术采用含有至少两种以上熔点成分的金属粉末(低熔点金属粉末作为黏结剂,高熔点金属粉末作为结构材料),通过大功率激光器熔化低熔点材料成分,在表面张力的作用下,润湿并填充未熔化的高熔点金属粉末颗粒的间隙,然后将结构性高熔点材料粘接起来,烧结成致密的金属零件或者模具。选择性激光烧结的成形材料主要有 Ni-Sn、Fe-Sn、Cu-Sn、Fe-Cu 与 Ni-Cu 等。

(2) 间接选择性激光烧结技术采用高分子聚合物材料(如 PA,PC,PEP 与 PMMA 等)作为黏结剂,通过激光束熔化高分子材料将结构性高熔点金属粉末粘接起来形成选择性激光烧结成形产品。间接选择性激光烧结的金属复合材料包括高分子聚合物覆膜金属材料、高分子聚合物与金属混合复合材料。

5.3　选择性激光熔融技术

选择性激光熔融(SLM)技术是通过激光器对金属粉末直接进行加热,使其完全熔化并经过冷却的快速成形技术。选择性激光熔融技术与选择性激光烧结技术的原理都是利用激光束的热作用,但二者作用的对象不同,因此,所使用的激光器也有所不同。选择性激光烧结技术的激光器一般采用波长较长(9.2～10.8 μm)的二氧化碳激光器;而选择性激光熔融技术为了更好地熔化金属,要求金属材料必须有较高吸收率的特性,所以一般使用的是 Nd-YAG 激光器(1.064 μm)和光纤激光器(1.09 μm)等波长较短的激光束。选择性激光烧结技术所用材料除了主体金属粉末外,还需要添加一定比例的黏结剂粉末,黏结剂粉末一般为熔点较低的金属粉末或有机树脂等;而选择性激光熔融技术可使材料完全融化,所以一般使用的是纯金属粉末。由于选择性激光烧结技术的粉末为混合粉末,即使使用金属粉末作为黏结剂,但低熔点的金属材料一般强度较低;而选择性激光熔融技术用单一金属材料加工的零件强度高。除此之外,选择性激光烧结技术的成形产品由于制造工艺的原因,实体存在空隙,成形产品在力学性能与成形精度上要比选择性激光熔融技术差。

选择性激光熔融成形材料多为金属粉末,包括奥氏体不锈钢、镍基合金、钛基合金、钴铬合金和贵重金属等。激光束快速熔化金属粉末可以直接获得几乎任意形状、完全冶金结合、高精度近乎致密的金属零件。因此,选择性激光熔融技术是极具发展前景的金属零件 3D打印技术,其应用范围已经扩展到航空航天、微电子医疗、珠宝首饰等行业。选择性激光熔融成形过程中的主要缺陷是球化和翘曲变形。

5.4   立体光固化成形技术

立体光固化成形技术(SLA)以光敏树脂为打印材料,光敏树脂在相应波长的光源照射下凝固成形,然后通过逐层固化得到完整的产品。基于立体光固化成形技术的3D打印机主要由三部分组成,即激光扫描振镜系统、光敏树脂固化成形系统和控制软件系统,其工艺原理如图5-4所示。

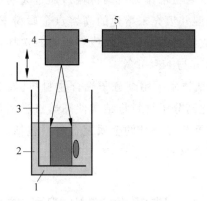

1—光敏树脂;2—缸;3—工作台;4—激光扫描振镜系统;5—激光器。

图 5-4   立体光固化成形工艺原理

5.4.1   激光扫描振镜系统

激光器发射出一束激光,在扫描振镜的作用下实现扫描功能。当接收到一个位置信号后,振镜会根据电压与角度的转换关系摆动相应的角度来改变激光光束的路径。激光光束通过反射镜反射,实现光路放大的功能,最终到达光敏树脂处。

5.4.2   光敏树脂固化成形系统

在光敏树脂固化成形系统中,在相应波长光源的作用下光敏树脂发生光聚合反应。控制软件系统对零件进行切片和路径规划,并控制激光按零件的三维截面信息在基板上逐点进行扫描,被扫描区域的光敏树脂在光源的作用下发生光聚合反应固化,从而形成零件的一个切片层。在该切片层扫描固化完成后,控制软件控制工作台下移一个层厚的距离,在原先已固化的树脂表面再填充一层液态光敏树脂,开始进行下一层的扫描固化,新固化的切片层将牢固地粘在上一层上,多次反复循环即可完成整个成形产品的加工。

5.4.3   控制软件系统

控制软件系统主要完成零件的切片、路径规划,主要目的是获得直角坐标系下的数据信息,并控制 X 轴振镜实现 X 轴、Y 轴扫描,控制 Z 轴电动机实现位置响应控制。立体光固化成形技术的具体工艺过程为:

(1) 通过软件对三维实体模型进行切片处理,设计扫描路径,产生的数据将精确控制激光扫描器和工作台的运动。

(2) 激光光束通过数控装置控制扫描器,按设计的扫描路径照射到液态光敏树脂表面,使表面特定区域内的一层树脂固化。一层光敏树脂固化完成后,就生成零件的一个截面。

(3) 工作台下降一层厚度距离,固化层上覆盖另一层液态树脂,再进行第二层扫描固化,第二层树脂牢固地粘接在前一层上,层层叠加最终形成三维成形产品。

(4) 将成形产品从树脂中取出后,进行最终固化,再经抛光、电镀、喷漆或着色处理即可完成产品。

5.4.4　立体光固化成形技术的特点

立体光固化成形技术与其他快速成形技术相比具有以下优点:

(1) 立体光固化成形技术是最早出现的快速原型制造工艺,经过了时间的检验,成熟度较高。

(2) 由 CAD 模型直接生产原型,加工速度快,生产周期短,无须切削工具。

(3) 能够加工结构外形复杂或使用传统手段难以成形的产品。

(4) 采用 CAD 模型直接制作成形产品,更直观,降低了修复错误的成本。

(5) 制作成形产品进行试验,可以对计算机仿真计算的结果进行验证和校核。

立体光固化成形技术与其他快速成形技术相比存在以下缺点:

(1) 立体光固化成形系统造价昂贵,使用和维护成本高。

(2) 立体光固化成形系统是对液体进行操作的精密设备,对工作环境要求苛刻。

(3) 成形产品多为树脂类零件,强度、刚度、耐热性等有限,不利于长时间保存。

(4) 预处理软件与驱动软件运算量大,与加工效果关联性太高。

5.4.5　立体光固化成形材料

根据立体光固化成形工艺原理和成形产品的使用要求,立体光固化成形技术使用的材料要求具有黏度低、流动性好、固化速度快、收缩小、溶胀小、无毒副作用等性能特点。立体光固化快速成形材料为液态光固化树脂(或称液态光敏树脂)。目前应用的光敏树脂种类很多,其成分也各不相同。典型的光敏树脂固化成形材料主要包括低聚物、光引发剂、稀释剂等。

5.5　三维打印成形技术

从三维打印技术的工作方式来看,它与普通喷墨打印机的原理最接近,三维打印设备的工作原理如图 5-5 所示。三维打印机与普通的喷墨打印机类似,不过它喷出的不是墨水,而是黏结剂,平台上的粉末在黏结剂作用下黏结成形。通常用石膏粉基材料作为成形材料。

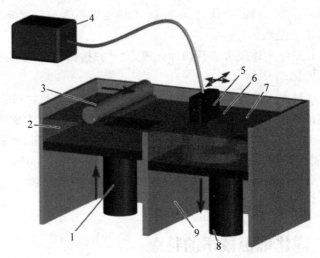

1—粉末供料活塞；2—粉末给料；3—辊子校平；4—提供黏结剂；
5—喷粉打印头；6—打印部分；7—粉末层；8—成形活塞；9—成形室。

图 5-5   三维打印工艺原理

5.5.1   三维打印技术的工作过程

三维打印技术是一项涉及 CAD 技术、CAM 技术、数据处理技术、材料技术、激光技术和计算机软件技术等多学科交叉的快速成形技术，其成形工艺过程包括模型设计、分层切片、数据准备、打印模型和后处理等步骤。三维打印机的具体工作过程如下：

（1）准备粉末原料。

（2）将粉末铺平到打印区域。

（3）三维打印机喷头在模型横截面上定位，喷黏结剂。

（4）送粉活塞上升一层，实体模型下降一层，然后继续打印。

（5）重复上述过程直至模型打印完毕。

（6）去除多余的粉末，固化模型，进行后处理操作。

5.5.2   三维打印技术的特点

三维打印技术与其他快速成形技术相比具有以下优点：

（1）无激光器等高成本元器件，成本较低，易操作，易维护。

（2）加工速度快，以 25 mm/h 的垂直构建速度打印模型。

（3）可打印彩色原型，无须后期上色。

（4）无支撑结构。与选择性激光烧结技术一样，粉末可以支撑悬空部分。

（5）耗材和成形材料的价格相对便宜，打印成本低。

三维打印技术与其他快速成形技术相比存在以下缺点：

（1）多采用石膏粉基材料作为成形材料。因石膏粉基材料强度较低，不能做功能性材料。

（2）表面手感略显粗糙，这是以粉末作为成形材料的工艺的普遍缺陷。

5.5.3　三维打印材料

三维打印材料选择范围较广，从理论上来讲，任何可以制成粉末的材料都可以用三维打印工艺成形。目前，三维打印技术采用的打印原材料主要有石膏粉基粉末、砂子、金属粉末、陶瓷粉末、复合材料粉末等，具备材料成形性好、成形强度高、球形度高、尺寸分布均匀、团聚性好、密度和孔隙率适宜、干燥硬化快等性能。

5.6　叠层实体制造技术

叠层实体制造（LOM）技术又称薄形材料选择性切割技术，是快速成形领域最具代表性的技术之一。叠层实体制造工艺适合制作大中型原型件，翘曲变形较小，成形时间较短，激光器使用寿命长，成形产品有良好的力学性能，适合产品设计的概念建模和功能性测试零件。由于成形产品具有木质属性，尤其适合于直接制作砂型铸造模。

5.6.1　叠层实体制造技术的原理

叠层实体制造技术按照 CAD 模型分层获得的分层数据，驱动激光器用激光束将单面涂有热熔胶的薄膜材料切割成产品某一层的内、外轮廓，再通过加热辊加热，使刚切削的层与下面已切削的层粘接在一起，通过逐层切割黏合，最后将不需要的材料剥离而得到原型产品。叠层实体制造成形材料是薄片材料，如纸、塑料薄膜等。成形片材表面事先涂覆一层热熔胶，用热压辊热压薄片材料，使之与下面已成形的零件粘接；用二氧化碳激光器在刚粘接的新层上切割出零件截面轮廓和零件外框，并在截面轮廓与外框之间多余的区域内切割出上下对齐的网格；激光切割完成后，工作台带动已成形的零件下降，与大片材料带分离；收料机构转动收料轴和供料轴，带动大片材料带移动，使新层移动到加工区域；工作台上升到加工平面；热压辊热压，零件的层数增加一层，再在新层上切割截面轮廓。多次反复直至完成零件的所有截面黏结、切割等，其工艺原理如图 5-6 所示。

叠层实体制造成形工艺的三维 CAD 模型与一般的 CAD 模型没有区别，对零件进行三维造型后，将零件的三维模型转化成三角面格式，即 STL 格式。三维模型的分层是一个切片的过程，它根据有利于零件堆积制造的形式，将 STL 文件的 CAD 模型切成具有一定厚度的薄层，得到每层的内、外轮廓等几何信息。根据经过分层处理后得到的层面几何信息，通过层面内、外轮廓识别及料区的特性判断，生成快速成形机工作的数控代码，以便激光头对每一层面进行精确加工。

层层粘接与加工处理是将新的切割层与前一层粘接，并根据生成的数控代码，对当前层进行加工，它包括对当前层进行截面轮廓切割及网格切割。

逐层堆积是指当前层与前一层粘接加工结束后，零件下降一层，送料机构送上新料，快速成形机再重新加工一层。多次反复，直到加工完成。后处理是对成形机加工完的成

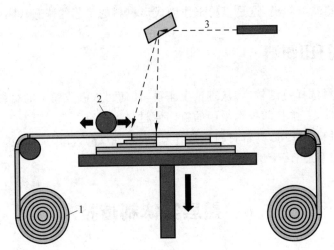

1—供料轴；2—热压辊；3—激光器。

图 5-6   叠层实体制造技术原理

形产品进行必要的处理，如清理掉嵌在加工零件中的废料等。余料去除后，为了提高产品表面质量或进一步翻制模具，还需要相应的后置处理，如防潮防水、加固及打磨产品表面等，经过必要的后置处理才能达到尺寸稳定性、表面质量、精度和强度等相关技术的要求。

5.6.2   叠层实体制造技术的特点

与其他方法相比，叠层实体制造工艺采用的原料价格便宜，因此制作成本低廉，适合制作大尺寸零件，成形过程无须设置支撑结构，多余的材料也容易剔除，精度也比较好。因此，叠层实体制造技术是一种应用广泛、极具发展前景的技术。随着技术的不断创新与完善，叠层实体制造技术将在产品制造方面发挥重要的作用。

叠层实体制造技术与其他方法相比具有以下优点：

（1）工作原理简单，一般不受工作空间的限制，可以制造较大尺寸的产品。

（2）以面为加工单位，有最高的加工效率。

（3）由于叠层实体制造成形工艺只需在片材上切割出零件截面的轮廓，因此工艺简单，成形速度快，容易制造大型零件。

（4）叠层实体制造工艺不存在材料相变，因此不易引起翘曲、变形，零件的精度较高。

（5）零件外框与截面轮廓之间的多余材料在加工中起到了支撑作用，所以无须支撑材料。

（6）所用材料广泛，成本低，纸质等原料节能环保。

叠层实体制造技术与其他方法相比存在以下缺点：

（1）存在激光损耗，并且需要建造专门的实验室，维护费用高。

（2）原材料种类较少。

（3）打印出来的模型必须立即进行防潮处理，纸制零件容易吸湿变形，所以成形后必须用树脂、防潮漆涂覆。

（4）很难构建形状精细、多曲面的零件，仅限于结构简单的零件。

（5）制作的加工室温度高，容易引发火灾。

5.6.3　叠层实体制造材料

叠层实体制造的打印材料一般由薄片材料和黏结剂两部分组成。根据原型性能要求的不同，薄片材料可分为纸片材、金属片材、陶瓷片材、塑料薄膜和复合材料片材。用于叠层实体制造的热熔性黏结剂按基体树脂类型分类，主要有乙烯、乙酸、乙烯酯等共聚物型热熔胶、聚酯类热熔胶、尼龙类热熔胶及其混合物等。

5.7　熔融堆积成形 3D 打印实例

本节内容以杭州某公司生产的熔融堆积成形 3D 打印机为例讲述。熔融堆积成形工艺桌面 3D 打印机如图 5-7 所示。三维模型打印前，从三维软件中把三维模型导出成 STL 文件，然后采用 Cura 切片软件打开 STL 三维模型，Cura 软件根据切片方向和切片厚度的要求自动计算系列切平面与 STL 模型中三角面的交线，并自动将交线排序、首尾相连组成切平面的轮廓。Cura 切片软件自动完成切片分层后，对每层轮廓进行扫描，进行内部填充设置。内部填充既能使三维模型具有一定的强度，又不浪费材料。内部填充的方式有往返直线扫描、分区扫描、环形扫描等。利用路径生成算法产生打印路径，将打印路径转化为 GCode 代码。将 GCode 代码文件存入 SD 卡，插入 3D 打印机，3D 打印机读取 SD 卡中的 GCode 代码，并根据代码逐层打印三维模型。

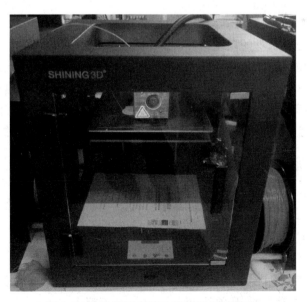

图 5-7　熔融堆积成形工艺桌面 3D 打印机

5.7.1　3D打印软件简介

下载安装 Cura 软件,安装过程如下:首先选择安装的磁盘位置,注意安装路径中只能使用英文字符,不允许出现中文文件夹名;然后选择安装的组件,可以选择打开 STL 或 OBJ 文件,勾选相应的复选框即可,然后单击【安装】键,开始安装,直到单击【完成】键,Cura 软件才被安装到计算机中。软件的界面如图 5-8 所示。

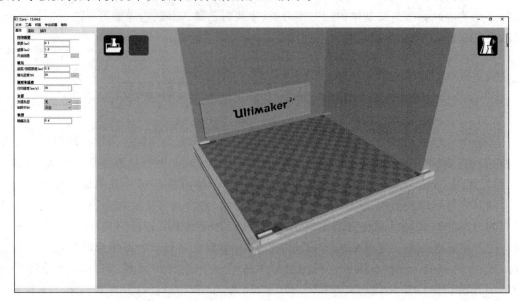

图 5-8　Cura 软件的界面

在 Cura 软件界面的左侧有模型导入、模型移动、模型缩放、模型旋转等基本功能操作键,可查看模型,并进行简单的模型编辑操作。在 Cura 软件界面的右侧,有选择打印机型号、打印材料及打印质量等功能操作键。Cura 软件允许根据实际打印机的参数进行自定义打印机设置。若使用的不是主流打印机,可以自定义打印机。打印质量相关的详细设置(如打印速度、打印壁厚等)也允许修改和设置。Cura 软件打开模型后,会自动进行切片。如果模型导入后对模型进行了缩放、移动等修改,Cura 软件在修改完成后会自动开始切片。在 Cura 软件界面的右下角有预计打印时间和打印模型质量等功能操作键。Cura 软件完成切片后,在整个界面的右下角,单击【Save to file】键可将生成的 GCode 代码文件保存到计算机上。

5.7.2　3D打印模型检查

设计的三维模型必须满足 3D 打印软件的要求,要求三维模型有水密性。水密性是指三维模型要密封,不能有漏洞,形象地讲就是,假如在模型中注入水,水不能流出。若打印模型的外形面缺少一个三角面片,导致模型不具有水密性,那么,这样的模型在切片过程中就无法构成一个封闭的轮廓,将无法进行 3D 打印。

5.7.3　3D 打印的操作步骤

硬件检查无误后才可以使用 3D 打印机打印模型。

1. 准备工作

使用 Cura 软件对模型进行切片处理,生成 3D 打印机可识别的 GCode 文件。将 GCode 文件存储到 SD 卡上,然后把 SD 卡插入打印机的卡槽。接通 3D 打印机的电源,然后打开 3D 打印机的开关。

2. 调平打印平台

由于 3D 打印机是逐层打印的,因此打印平台是否垂直于喷头是进行 3D 打印的关键因素之一。使用 3D 打印机时,首先应调平 3D 打印机的打印平台,即测试喷头距离打印平台不同点的位置是否相等。一个简单的方法是将一张 A4 打印纸放置在打印平台和喷头之间,然后依次把喷头移动到打印平台上的 4 个角和打印平台的中心位置,尝试拖动 A4 打印纸。如果 A4 打印纸在打印平台和喷头之间可以移动,但又与喷头之间产生轻微摩擦,即可认为喷头和打印平台的距离适合。依次选择打印平台的上述 5 个点做相同的测试。假如在这 5 个点上喷头和打印平台的距离都符合上述要求,则认为打印平台被调平了。假如某点上喷头与打印平台的距离过大,则调整打印平台底部的螺钉,升高此位置的打印平台,直至距离适合;假如某点上喷头与打印平台的距离过小,则调整打印平台底部的螺钉,降低此位置的打印平台,直至距离适合。调整打印平台前,首先要在 3D 打印机中选择控制 3D 打印机的调平程序,使打印平台复位,才可以进行上述测试。

3. 安装打印材料

安装打印材料是指将 3D 打印材料安装于挤出机构,使挤出机构可以有效地控制打印材料的挤出与回抽。打印材料通常为 PLA 或 ABS 丝料,直径为 1.75 mm。需要注意的是:安装打印材料前,需要将喷头加热到打印材料熔化的温度(通常为 230℃左右),否则打印材料无法从喷头挤出。安装打印材料后,判断打印材料是否安装成功,选择"PLA 预热"选项,则打印机进入加热状态,直至达到目标温度,将打印材料放入喷头材料入口,然后选择"运动控制"的"出丝"选项,转动按钮控制挤出机工作。可以通过两个方面判断材料是否装载成功:一是打印材料随着挤出机的挤出动作被装进打印机,二是打印材料从喷头处被挤出。若这两种现象都出现,说明材料装入成功。

4. 打印

在调平打印平台和装入打印材料后,可以进行打印操作。选择"SD 卡"选项后,进入"SD 目录",选择需要打印的 GCode 文件,确定后打印机开始打印。

5.7.4　3D打印的常见问题

1. 无法安装打印材料

按照打印材料的安装步骤,有时会发生无法正常安装打印材料的情况,可以按以下方法逐一排查问题:

(1) 检查打印机是否可以加热到熔化打印材料的温度。如果打印机的温度还未上升到设定温度,打印材料进入加热腔后不发生熔化,则打印材料无法从喷头挤出。

(2) 挤出机构无法夹紧打印材料。只有当挤出机构夹紧打印材料时,打印材料才可以随着挤出机构的转动而运动。有时打印材料无法被挤出机构夹紧,可以尝试加大夹紧打印材料的力度;若还不能安装成功,可将打印材料的头部剪成斜角,然后垂直插入挤出机构的入口位置,用力强制使打印材料进入挤出机构,完成打印材料的安装。此过程中也可以使用钳子等工具。

2. 喷头吐丝异常

在打印过程中,会出现喷头挤出打印材料丝不顺畅的状况,此时应进行以下检查:

(1) 检查挤出机构是否出现异常。

(2) 检查打印机设定的温度是否与打印材料所要求的温度一致。

(3) 检查切片参数,查看是否因回抽距离设置过大导致材料回抽后无法返回。

3. 喷头堵塞

由于挤出材料的线宽受喷头直径、挤出速度及喷头移动速度等参数的综合影响,有时喷头会发生完全堵塞的情况。这是因为相关因素不能协调工作,会发生实际挤出线大于理论线的情况。当出现这种现象时,材料挤出后会粘贴在喷头外侧,随着材料的累积喷头就会发生堵塞。堵塞发生后,可进行以下操作进行疏通清理:

(1) 使用钢针从上至下插入喷头进行疏通。

(2) 拆卸喷头,清理喷头内部的残留耗材。

(3) 提高打印温度,使喷头中的耗材先充分熔化,再进行打印。

4. 打印材料无法完全粘贴在打印平台上

第一层打印材料无法完全粘贴在打印平台上,会影响后面每层的打印,严重的将导致打印失败。此时需要进行以下检查:

(1) 检查打印平台的材质是否适合打印材料粘贴,某些材质(如亚克力材质)不易被打印平台粘贴,此时应在打印平台上均匀地涂抹一层胶水或固体胶,或者使用胶带粘贴在打印平台上。

(2) 检验喷头和打印平台的距离是否为一张 A4 纸的厚度,因为如果距离太远或太近,都可能导致打印材料无法粘贴在打印平台上。

(3) 检查 3D 打印机出料是否正常,是否有出料过少的现象。

（4）如果以上操作都不能解决问题，则可以尝试在打印模型底部加打印底座，使打印模型更容易粘贴在平台上。

5．打印模型翘边

使用 ABS 材料打印模型时，模型经常发生翘边，尤其在模型较大或模型底部面积较大时，翘边问题更为严重。

引起翘边的现象一般出现在 3D 打印过程中，打印材料经过由固态熔化到液态再冷却到固态的阶段，由于打印材料体积的热胀冷缩，导致挤出材料时产生内应力，从而引起模型的变形、翘边或分层。在使用熔融堆积成形工艺的 3D 打印机时，当模型底部与打印平台粘贴无力时，温度下降过快会导致材料收缩，翘边现象很容易发生。引起翘边现象的原因是打印平台加热不均匀、ABS 材料的弹性和收缩率不均匀及打印速度过慢等，可以通过调节打印平台的温度减轻翘边现象。

6．喷头运动失常

打印过程中，喷头运动可能会发生移动不到位的现象，这可能是由于电动机失步导致的，须进行以下检查：

（1）检查电动机同步轮是否拧紧。

（2）检查滑杆阻力是否太大而导致运动不流畅。

7．打印模型失真

打印模型失真的情况有：打印一个正方形，结果打印出来的是矩形；打印一个圆形，结果打印出来的是椭圆形。出现此种情况主要是由于 X 轴和 Y 轴非正交造成的，此时就要调整 X 轴和 Y 轴使之正交。调整的方法是移动 X 轴靠近外壳，调整 X 轴与外壳的两侧平行；再移动 Y 轴靠近外壳，调整 Y 轴与外壳的两侧平行。

5.7.5　3D 打印加工实例

1．打开模型文件

打开 Cura 软件后，进入切片完成界面，此界面显示模型外形和模型大小，其大小等于设备的打印范围。Cura 软件操作简单方便，其界面左上方为菜单栏，单击"文件"菜单，选择"读取模型文件…"，找到已存储的 STL 模型文件，然后双击即可打开模型文件，如图 5-9 所示。

2．模型处理

打开模型导入后有三种处理方法：模型旋转、

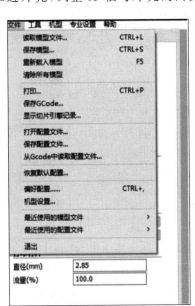

图 5-9　读取模型文件

模型缩放和模型镜像,其快捷命令在模型界面的左下角。

1) 模型旋转

单击【Rotate】键,可对模型进行旋转处理。模型可分别绕 X、Y、Z 轴旋转,调整模型在打印机中的摆放角度。此功能可用于调整悬空结构的垂直位置,从而减少支撑材料的使用,提高打印质量和打印效率。

2) 模型缩放

单击【Scale】键,可对模型进行缩放处理。有两种缩放方式,即按比例缩放和按尺寸缩放。一般情况下,模型在 X、Y、Z 三个方向的缩放比例是固定的,调整任一方向的尺寸,其他两个方向也跟着进行等比例缩放,从而保证模型形状不发生变化。如果只对某一方向缩放,单击"Uniform scale"选项右侧的"锁"解除比例限制,即可进行不等比例缩放。

3) 模型镜像

单击【Mirror】键,可对模型进行镜像处理。镜像处理可在 X、Y、Z 三个方向上分别镜像,用于对称结构的打印,避免重复建模。

3. 设置打印参数

3D 打印机调整的参数较少,大多数打印参数是通用的,只需要调整局部参数即可。

1) 基本设置

3D 打印机可以进行参数设置,如层厚、壁厚、回退、底层厚度、顶层厚度、填充密度、打印速度、打印温度、热床温度、热床、生成支撑等。

(1) 层厚。层厚是打印过程中每层挤出打印材料的厚度,直接影响打印模型的表面质量和打印速度。3D 打印机的精度主要由层厚决定,层厚越小,打印模型越精细,但打印相同的高度就需要更多的层,使打印速度降低。一般情况下,层厚设置为 0.2 mm 较为合适,如图 5-10 所示。

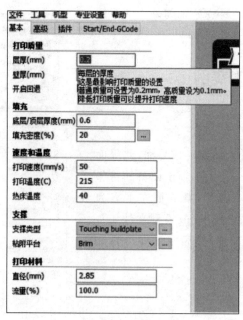

图 5-10　层厚与壁厚设置

（2）壁厚。为了提高打印速度，实体模型内部一般采用空心结构，设置合理的填充率。壁厚是指最外层的外形厚度，一般设置为 1.0 mm，对强度要求较高的产品，可将壁厚值设置得高些，如图 5-10 所示。

（3）回退。由于 3D 打印机挤出打印材料丝是连续的，如在打印 U 形结构时，由于其中间是非打印部分，为了防止在打印过程中遇到非打印区时产生拉丝现象，3D 打印机可自动进行回退动作。

（4）底、顶层厚度。底、顶层厚度为上、下面的包裹，与壁厚的功能基本相同，设置方式也相同。

（5）填充密度。为了提高打印速度，实体模型内部采用网格空心结构的数据处理方式，以网格的形式填充处理实体模型，如图 5-11 所示。这样可以在保证强度的前提下尽可能地节省打印材料，提高打印效率。

图 5-11　填充密度

（6）打印速度。打印速度主要根据送丝电动机、光轴和步进电动机的参数确定，打印速度越慢越稳定，打印精度也越高。在保证打印精度和稳定性的前提下，提高打印速度是 3D 打印技术发展的研究方向。

（7）打印温度和热床温度。根据打印材料来设置打印温度和热床温度。打印 PLA 材料时，设置打印温度为 200～220℃、热床温度为 40～50℃；打印尼龙材料时，设置打印温度为 280～320℃、热床温度为 50～60℃。这里以 PLA 材料为例进行设置，设置温度为 215℃。

（8）热床。热床的作用主要是提高底层与打印平台的黏结性，同时避免一些打印材料挤出时热胀冷缩，导致模型底层翘曲。不同的打印材料需要的热床温度是不一样的，熔点高的材料的热床温度要高一些。本节讲述的 3D 打印机不带热床，用低温美纹纸代替，一方面因为普通 3D 打印机对形状精度要求不高；另一方面热床会增加整体成本。

（9）生成支撑。生成支撑结构在切片过程中是非常重要的一个环节，生成支撑结构的设置界面如图 5-12 所示。其中：

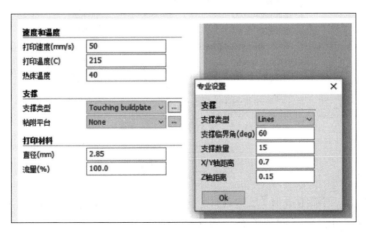

图 5-12　生成支撑结构设置

①"支撑类型"有两种,即线型支撑(lines)和网格支撑(Everywhere)。线型支撑更容易去除,但由于支撑密度不够,所支撑部分的表面平整度较差,网格支撑则相反。

②"支撑临界角"是指根据模型形状判断需要生成支撑的最小角度,0°是水平,90°是垂直。

③"支撑数量"是指支撑材料的填充密度,较少的材料可以使支撑比较容易剥离,其中15 是指采用 15% 的填充密度,这是一般情况下比较合适的数值。

④"X/Y 轴距离"是指支撑材料在 X、Y 轴方向上模型距离支撑材料的距离,一般设置为 0.7 mm,这时支撑材料和打印模型不会粘在一起。

⑤"Z 轴距离"是指支撑材料在 Z 轴方向上模型底部到顶部的距离,小间距可以使支撑材料很容易地去除,但是会导致打印效果变差,一般设置为 0.15 mm。

⑥"黏附平台"为了防止模型翘边,增加了模型与打印平台的黏结度,分为两种类型:第一种是在模型外圈附加一圈底座,使模型牢固地黏附在打印平台上;第二种是在模型整个底部附加底座,使模型更加牢固地黏附在打印平台上。

⑦"直径"是指所使用打印材料的直径,根据所选用打印材料的直径输入相应的数值,如选用 3.0 mm 的打印材料,则输入 3.0。

2) 高级设置

高级设置用于调节打印机在打印过程中详细的设置参数,如图 5-13 所示。

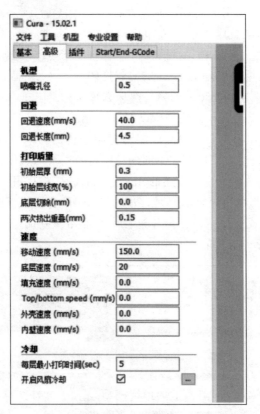

图 5-13　高级设置

(1) 喷嘴孔径。"喷嘴孔径"是指打印机喷头孔的直径,有 0.2 mm、0.3 mm、0.4 mm、0.5 mm 等规格。可根据不同的喷嘴设置不同的参数。

（2）回退。"回退"是指在打印过程中，喷嘴跨越非打印区域时回退一定长度的耗材，防止喷嘴在非工作状态下挤出打印材料丝。直径 3.0 mm 的打印材料的回退参数为：回退速度一般使用 30 mm/s，回退长度 6 mm；直径 1.75 mm 的打印材料的回退参数为：回退速度一般使用 20 mm/s，回退长度 2 mm。这里应注意，过快的回退速度会导致回退打滑，甚至打印材料断裂。

（3）打印质量。"打印质量"包含初始层厚、初始层线宽、底层切除和两次挤出重叠 4 个参数。其中，"初始层厚"是指第一层的打印层厚度，较厚的初始层厚可使模型牢固地粘在打印平台上，不建议使用 0.2 mm 以下的初始层厚。"初始层线宽"是指第一层的打印线宽度，较大的宽度可以使模型牢固地粘在打印平台上，100%表示所有宽度相同。"底层切除"是指将模型底部切除一定的高度，把凹凸不平的模型做底部切平设置后进行打印，或者切除已经打印过的模型高度。"两次挤出重叠"是指为了方便两次打印层粘接而添加一定的重叠挤出量，这样能使层与层之间更好地连接融合。

（4）速度。"速度"包含移动速度、底层速度、填充速度、Top/bottom speed（上、下面打印速度）、外壳速度和内壁速度。其中，"移动速度"是指喷嘴移动的速度，这个移动速度是非打印状态下的移动速度，建议不要超过 150 mm/s，否则可能造成伺服电动机丢步。"底层速度"是指第一层的打印速度，一般使用 20 mm/s，稍慢的打印速度可以使模型更牢固地粘在打印平台上。"填充速度"为打印模型填充时的打印速度，包括内部填充及上、下面填充。"Top/bottom speed"是指打印模型上、下面时的速度，可以设置比正常打印稍慢的速度来打印模型的上、下面，以确保模型打印效果更好。"外壳速度"是指打印模型外壁时的速度，比正常打印稍慢的速度会使模型外壁打印出的效果更好。"内壁速度"是指打印模型内壁时的速度，它可以比外壳速度快些，以节省打印时间。打印模型时，内壁速度和外壳速度差异太大将会影响整体模型的打印质量。

（5）冷却。"冷却"包含每层最小打印时间和开启风扇冷却两个参数。其中，"每层最小打印时间"是指在打印过程中打印一层最少需要的时间。打印下一层前留一定时间让当前层冷却，如果当前层很快打印完，那么打印机会适当地降低速度，以保证有足够的冷却时间。"开启风扇冷却"是指在打印期间开启风扇冷却喷头及挤出耗材。在打印过程中，开启风扇冷却是很有必要的。

4. 切片处理

在所有的设置调试完成后，单击"Slice"进行切片。切片完成后，可以在"GCode"图标下看到打印模型的详细情况，包括打印模型所需的时间、打印模型所需耗材的长度和打印出模型的质量。通过屏幕右边的"View mode"可观察模型的详细情况，如图 5-14 所示。

单击"View mode"可出现 5 个选项，分别是 Normal（正常模式）、Over-hang（悬空部分）、Transparent（透明模式）、X-Ray（X 射线模式）、Layers（层次信息）。

（1）Normal（正常模式）。修改后的最终模型。

（2）Over-hang（悬空部分）。模型的悬空部分会用红色表示，这样更容易观察打印的模型出现问题的部分。

（3）Transparent（透明模式）。在透明模式中不但可以观察到模型的表面，还可以观察到模型的内部结构。

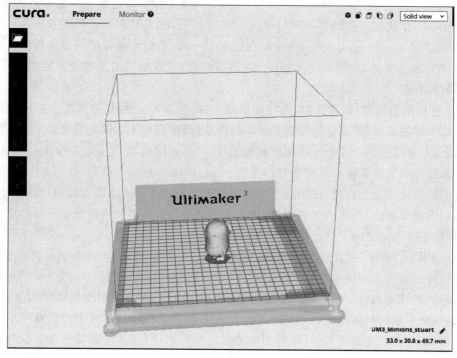

图 5-14   打印的模型

（4）X-Ray(X 射线模式)。X 射线模式和透明模式类似,都是为了观察模型的内部结构。不同于透明模式,在 X 射线模式下,模型表面结构被忽略,但内部结构可以更加清晰地显示。

（5）Layers(层次信息)。层次信息是显示更贴近于实际模型的模式。通过软件界面右侧的滑块可单独观察每层的信息,红色部分是模型主体,绿色部分是悬空模型的支撑材料,检查后若没有问题,且设置调试完成,单击"文件"→"保存 GCode 代码"保存路径代码,如图 5-15 所示。

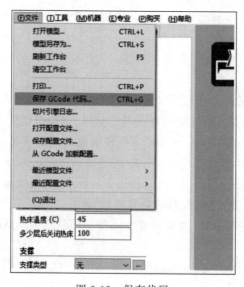

图 5-15   保存代码

5. 打印及后处理

路径代码处理完成后,把数据代码存储到 SD 卡上。

1）设备准备

将 SD 卡插入 3D 打印机的卡槽,查看 SD 卡插入设备操作界面的识别情况,如图 5-16 所示。将设备调至零位,如图 5-17 所示。3D 打印机一般有自动归零的功能,若没有,可用手动模式调至零点,即通过平台四角的调节螺钉调整平台平面度,保证喷头与平台的间隙合适,且喷头在移动过程中保持在同一平面上,如图 5-18 所示。

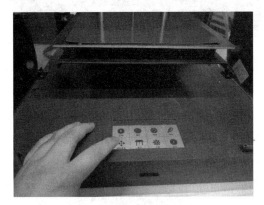
图 5-16　设备中插入 SD 卡

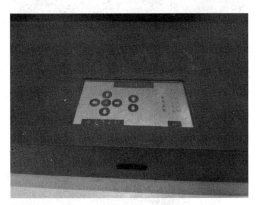
图 5-17　自动回零

2）自动打印

3D 打印机的自动化程度较高,设备运动指令均在切片处理后的文件中存储,硬件参数在设备的操作系统中设置。打开切片处理后的模型文件,即可开始执行 3D 打印操作,如图 5-19 所示。设备工作状态在设备显示面板上显示,如图 5-20 所示,整个操作过程由设备自动完成,只需定期检查设备是否运行稳定即可。

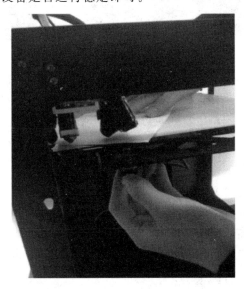
图 5-18　手动调平

图 5-19 读取文件

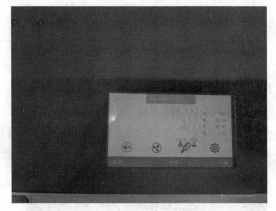

图 5-20 设备工作状态

3）完成打印和后处理

根据模型的切片路径文件，设备自动运行直至模型打印完成，然后用铲子将打印模型与打印平台分离，如图 5-21 所示。观察模型可发现，封闭包裹的部分为模型实体，稀松的部分为支撑部分，支撑部分可用手、钳子或其他工具去除，如图 5-22 所示。

图 5-21 取出模型

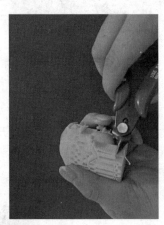

图 5-22 去除支撑

习 题 5

5-1 简述各种 3D 打印加工的原理和范围。

5-2 简述 3D 打印机加工前的操作参数设置。

5-3 简述 3D 打印机加工的步骤及调整加工参数的方法。

5-4 建立题 5-4 图所示的三维模型，并采用 3D 打印机打印。

5-5 自主设计创新作品，采用 3D 打印机加工非标准零件，制作创新作品样机，简述作品的基本功能、创新结构、创新点。

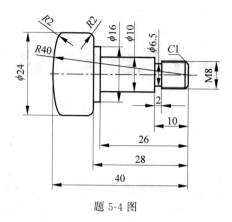

题 5-4 图

KAPI 一体化综合训练 第6章

很多高校的工程训练课程主要是制作锤子等单一小型简单作品,这种实训教学内容被比喻为"流水线"模式,按样品标准化批量进行,教学方法也是如此。实训教学是由任课老师逐个讲授,按技能项目逐个训练,然后考核,各个项目加起来平均就是总评成绩。这种实训教学模式很难打通技能与能力之间的界面障碍,不利于促进知识向能力的转化。这种分散独立的教学方式和相互缺少紧密关联的培养模式,很难使学生从一个相对孤立的技能形成综合创新能力,单个实训技能的训练也很难在整体上实现知识向能力的有效转变,从而达到"能力叠加"的目的。

因此,本书根据课程的特点和新工科要求,采用知识(knowledge)、能力(ability)、实践(practice)、创新(innovation)(简称 KAPI)一体化培养的实践教学模式,目的是充分体现技能综合实践创新,通过综合技能训练实训激发创新能力,最终加快知识向能力的转化。通过学习数控技术、电火花线切割技术、激光加工技术、3D 打印技术等先进加工技术构建综合创新能力技能,按照学以致用的观点,在技能与创新之间建立明确的对应关系。

"工程训练综合"课程采用 KAPI 一体化培养的实践教学模式,按照产品制造流程"选材-材料成形(获得形状)-机械加工(获得精确尺寸和精度)-材料改性(获得性能)-安装调试(获得产品)"的逻辑关系,构建技术体系,遴选核心知识点,加强知识点间的关联,使知识形成一个有机整体。KAPI 一体化训练项目以核心技能为基本要素,以项目为载体,以学生为中心,将知识、能力、实践、创新训练有机融为一体,通过知识获取、实践、创新、创业、竞赛等基本能力的叠加进行创新训练,以成果为导向激发学生学习数控技术、电火花线切割技术、激光加工技术、3D 打印技术等先进加工技术的兴趣,形成典型的教学案例:无碳越障小车创新设计与制作、物料搬运机器人创新设计与制作、电子手写板创新设计与制作等。

6.1 无碳越障小车创新设计与制作

6.1.1 项目内容

重力势能驱动的无碳小车以重力势能作为原动力,经机械机构转换为机械能,然后驱动三轮结构的无碳小车自主完成寻迹、避障、转向控制等功能。该项目来源于全国大学生工程训练竞赛,目的是探索教学改革,深化理实结合,服务人才培养。根据新工科教学要求和专业认证标准,经过项目设计,提出了基于 KAPI 重力势能驱动的无碳小车设计与制作。该项目满足"工程训练综合"课程的各项实践技能融合、综合训练等要求,通过自主设计一种符合本命题要求的无碳小车,完成进行现场竞争性运行考核。通过一体化项目训练,实现对学生关于产品设计和机械制造过程的知识、能力、实践和创新能力的协同培养,使学生初步形成对复杂工程问题的认识、理解及其处理过程的体验,了解对机械类常见加工的方法和实践体验,进行基本加工设备的使用操作技能锻炼,形成对创新产品设计开发中的问题研判和对策思考,促进现代工程意识和工程思维的养成。

该项目根据能量转换原理设计了一种重力驱动无碳小车行走及转向,由设定重力势能转换得到动力。该设定重力势能由质量 1 kg 的标准砝码(ϕ50 mm×65 mm,碳钢材料制作)提供,要求砝码下降高度为 400 mm±2 mm。标准砝码始终由无碳小车承载,不允许从无碳小车上掉落。图 6-1 为无碳小车的结构示意图。

具体要求如下:

(1) 无碳小车在行走过程中完成所有动作所需的能量,均由标准砝码下降产生的重力势能转换得到,不能使用其他能量;

(2) 无碳小车具有自主转向控制机构,且转向控制机构具有可调节功能,以适应放有不同间距障碍物的竞赛场地;

(3) 无碳小车为三轮结构,其中一个轮为转向轮,另外两个轮为行进轮,允许两个行进轮中的一个轮为从动轮。

本项目设有两个题目,可自由组队选择完成其中一种无碳小车的结构设计、材料选用及加工制作等。

1. "S"形赛道避障行驶竞赛

障碍物间距变化值在±(200~300)mm 范围内,无碳小车前行时,通过变化方向能够自动绕过赛道上设置的障碍物,行走"S"形轨迹,如图 6-2 所示。赛道宽度为 2 m,障碍物为直径 20 mm、高 200 mm 的圆棒,沿赛道中线从距出发线 1 m 处开始按间距 1 m 摆放,摆放完成后,将偶数位置的障碍物按抽签得到的障碍物间距变化值和变化方向进行移动(正值远离,负值靠近),形成竞赛赛道。无碳小车在指定的赛道上进行比赛,以其前行的距离和成功绕障数量来评定成绩。无碳小车出发的位置自定,但不得超过出发端线和赛道边界线。无碳小车运行两次,取两次成绩中的最好成绩。无碳小车有效的绕障方法:无碳小车从赛道一侧越过 1 个障碍物后,整体越过赛道中线且障碍物不被撞倒或推出障碍物定位圆,连续运行,直至停止。无碳小车有效的运行距离为:无碳小车停止时,其最远端与出发线之间的垂直距离。评分标准为每米得 2 分,测量读数精确到毫米;每成功绕过 1 个障碍物得 8 分,以车体投影全部越过赛道中线为依据。一次绕过多个障碍物时只算 1 个,多次绕过同一个障碍物只算 1 个,障碍物被撞倒或推开均不得分。无碳小车没有绕过障碍物、碰倒障碍物、将障碍物推出定位圆区域、砝码脱离或无碳小车停止均视为结束。

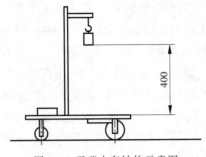

图 6-1　无碳小车结构示意图

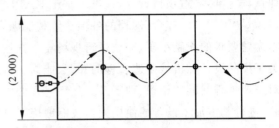

图 6-2　无碳小车在重力势能作用下自动行走示意图

2. "8"字形赛道避障行驶竞赛

竞赛场地在半张标准乒乓球台(长 1 525 mm、宽 1 370 mm)上,无碳小车须绕中线上的两个障碍物按"8"字形轨迹运行,障碍物为直径 20 mm、长 200 mm 的圆棒,两个圆棒在球台的中线上相距 400～500 mm 的范围内变化。无碳小车的"8"字形轨迹障碍物设置示意图如图 6-3 所示。以无碳小车完成"8"字形绕行圈数的多少来评定成绩。要求无碳小车以"8"字形轨迹交替绕过中线上的两个障碍物,保证每个障碍物在"8"字形的一个封闭环内。每完成一个"8"字且成功绕过两个障碍物,得 12 分。出发点自定,无碳小车运行两次,取两次成绩中的最好成绩。比赛时无碳小车须连续运行,直至停止。无碳小车没有绕过障碍物、碰倒障碍物、将障碍物推出定位圆区域、砝码脱离、无碳小车停止或掉下球台均视为结束。

图 6-3　"8"字形轨迹障碍物设置示意图

6.1.2　项目要求

以重力驱动无碳小车的创新设计及制作过程为教学训练载体,将方案设计、结构设计、精度设计、工艺设计及加工制作、装配调试、误差分析、产品评价等多个教学训练环节有机衔接,将工程材料、设计建模、冷加工、先进制造、质量控制、成本分析、生产模式及产品评价等多方面知识嵌入项目学习训练过程,让学生通过自主学习和实践操作,形成对机械创新产品关键知识点的深刻理解,并将工程训练各环节相互串联融通,使学生较快地形成工程能力基础,促进其工程思维方式的形成,并为后续专业课程的学习奠定良好的基础。

6.1.3　项目实践

项目实践所需硬件：数控机床、3D 打印机、电火花线切割机、激光切割机、工具、量具及常规设备等。本项目将工程训练综合的知识学习、技能训练和创新训练通过无碳小车的设计与制作有机融为一体，培养学生自主获取知识的能力、工程技术能力和创新能力。根据教学需要，形成 KAPI 一体化课程的综合训练项目。

1. 知识点

知识点包括材料性能、材料选择、数控加工、激光加工、电火花加工、3D 打印、机械测量、设计建模、工艺编程、机械装配与调试、误差分析、质量成本、加工基本知识等。

2. 能力点

能力点包括功能需求与任务分析、机械结构设计、加工工艺设计、机械精度设计、数控机床操作与加工、3D 打印机操作与加工、电火花线切割机操作与加工、激光切割机操作与加工等。

3. 实践点

实践点的内容涉及机械结构设计、制作工艺、加工、装配等。

（1）机械设计时，根据项目要求进行功能需求分析、原理方案设计、详细结构设计。

（2）根据功能要求，进行无碳小车 3D 建模，并绘制出装配图及零件图。

（3）根据结构设计进行无碳小车结构的力学分析及标准件选型等。

（4）根据零件的具体用途合理选择材料与加工设备。

（5）根据加工设备进行工艺分析，编制零件的加工工艺规程文件。

（6）根据加工设备及工艺文件进行数控编程和各类机床的加工操作，加工出项目中涉及的非标准零件。在数控车床、加工中心的实操环节加工零件，完成无碳小车的凸轮、轴承支架、导向轮支架、顶部滑轮支架以及轴、销、轮、杆等的加工；钳工操作时，掌握平台划线和台虎钳作业方法以及工具、通用量具和专用量规的使用方法，完成误差检测与分析及无碳小车的安装和调试；激光加工时，掌握激光切割非金属板材零件的加工方法，完成无碳小车的底板、行走轮等加工；电火花线切割放电加工时，掌握线切割机床加工零件的方法，完成齿轮加工等；3D 打印时，掌握制作非金属复杂零件的加工方法。

（7）完成零件加工后，进行安装、调试及实验，发现、分析、解决无碳小车安装调试过程中的相关问题。

4. 创新点

创新点的内容涉及结构设计、制作工艺、加工方法等。

（1）结构创新：设计无碳小车的传动结构及整车。根据无碳小车的运行轨迹，不指定结构模板，让学生通过知识运用、独立思考和实验研究完成结构创新设计，鼓励其综合使用CAD、CAM、CAE 软件进行设计和加工。

（2）工艺创新：采用先进制造技术加工传统零件，进行工艺创新。利用实训创新实验室的各种加工技术手段加工出合格的零件,通过成本和实用性优化选择加工设备和加工方法。考核加工精度和制造成本。

（3）方法创新:鼓励使用新的工艺方法和技术手段,如 3D 打印、激光切割、电火花线切割等方法。

（4）鼓励学生通过对自制无碳小车的误差分析和改进,对传动链上的各处进行降低摩擦功耗的分析、有效改进及对策研究等。

6.1.4　项目考核

1.方案设计（创新）

（1）提交设计图,包括装配图、三维演示图、传动原理图、主要零件图。

（2）提交实物照片。

（3）提交设计报告,说明设计制作过程中形成的创新点,涉及结构设计、材料选用、加工装配工艺、调试方法、加工安排等。

2.知识运用

通过课程或自主学习,获取与材料、制造有关的核心知识。项目组提交的工作报告中需要说明:

（1）项目过程中直接涉及并通过学习、实践理解掌握的知识点。

（2）项目过程中间接涉及并通过学习、实践理解掌握的知识点。

3.产品制作水平（实践）

（1）制作的无碳小车实际行走达到合格水平以上。

（2）通过测量和评价说明传动机构中主要部位的配合要求和零件的实际加工精度。

（3）对无碳小车做技术分析,分析不足和需要改进之处。

4.功能实现（能力）

本项目由工程训练综合能力竞赛的成熟命题转化而来,其预期功能均能够实现。经过努力,无碳小车普遍可以达到合格水平;无碳小车的设计制作具有开放性,可以为优秀的学生提供近乎无限的能力挑战空间。作为规模实施的项目式教学活动,实施所需的场地资源、设备资源、软件资源,以及学生来源、教师资源、课时资源、经费资源均在可控范围之内,预计该项目的教学目标可以实现。

5.产品说明书

提交的产品说明书的内容应包含设计方案、必要的设计计算、分析工艺方案、调试中的误差分析等,还应包括成本分析及对不同生产条件下的该产品加工条件的技术分析。

6.成本分析

（1）了解所用材料及标准件的市场价格及运输费用,能够计算所用材料的成本。

（2）了解所涉及设备的价格和加工机时的价格。

（3）了解一般机械制造产品的成本构成及核算方法。

（4）计算出所制造的无碳小车的制造成本并进行分析。

7. 工艺分析

重点分析无碳小车的整体装配工艺（含调试工艺）、主要零部件的结构工艺和材料加工工艺等。

8. 体会与总结

每组学生根据团队合作情况及项目完成情况，要求每个学生根据个人在小组中的职责与定位，从知识、能力、实践，创新 4 个方面共同完成一份项目体会与总结报告。

6.2　物料搬运机器人创新设计与制作

6.2.1　项目内容

针对"工程训练综合"课程的特点，通过"项目牵引，任务限定"的教学模式，针对某一特定的任务需求（如物料的搬运、机构装置的创新制作等），让学生以团队的方式对物料搬运机器人进行研究型学习、技能型和创新型实践，在激发学生的兴趣、自主获取知识的同时提高学生的实践动手能力，锻炼学生发现问题、分析问题和解决问题的能力，理论联系实际的能力，创新能力，团队合作能力及项目管理能力等，实现以教师为主导、学生为主体的理念。

该项目要求学生在规定的时间内，根据实训要求，通过自主学习、创新设计、分析加工和调试，研究并制造出一台物料搬运机器人，可以实现设定托盘上的物料向另一个设定位置工位的转移，物料为转体或箱体类零件，质量 0.3 kg，外形尺寸 60 mm×60 mm×100 mm。

该项目的主要内容包括功能需求分析、原理方案与结构设计、力学分析计算、元器件选型、零件的成形与加工、装配与调试等。

6.2.2　项目要求

本项目通过教师指导完成系统设计、实践训练、自主学习和团队合作等，要求学生根据实训要求创新设计并制造出一台物料搬运机器人。该作品应具有创新性、实用性、艺术性和经济性，并能直接涵盖课程给出的 50% 以上的核心知识点，学生通过自主学习或在教师指导下了解并获取相关知识点，间接涵盖其他的核心知识点，通过工艺方案对比总结相关知识点和创新点。

6.2.3　项目实践

该项目需要的硬件设备：数控机床、3D打印机、电火花线切割机、激光切割机、工具、量具及常规设备等。该项目将"工程训练综合创新"课程的知识学习、技能训练和创新训练通过物料搬运机器人的设计与制作有机地融为一体,培养学生自主获取知识的能力、工程技术应用能力和创新能力。根据教学需要,形成KAPI一体化课程的综合训练项目。

1. 知识点

知识点包括工程材料(材料基础知识、材料的力学性能、材料的选择)、材料成形(塑性成形、焊接成形、3D打印)、机械设计(方案设计、结构设计、力学分析、标准件选型设计)、数控加工、激光加工、电火花加工、3D打印、机械测量、设计建模、工艺编程、机械装配与调试、误差分析、质量成本、加工基本知识等。

2. 能力点

能力点包括功能需求与任务分析、机械结构设计、加工工艺设计、机械精度设计、数控机床操作与加工、3D打印机操作与加工、电火花线切割机操作与加工、激光切割机操作与加工等。

3. 实践点

实践点的内容涉及机械结构设计、制作工艺、加工、装配等。

(1)机械设计时,根据要求进行功能需求分析、原理方案设计、详细结构设计。

(2)根据功能要求,进行机器人的3D建模,并绘制出机器人的装配图及零件图。

(3)根据结构设计要求,进行机器人系统的力学分析及标准件选型等。

(4)根据零件的具体用途,合理选择材料与加工设备。

(5)根据加工设备及工艺分析,编制零件的加工工艺规程文件。

(6)根据加工设备及工艺文件,进行数控编程和各类机床的加工操作,加工出项目中涉及的非标准零件。在数控车床、加工中心实操环节加工零件,完成轴、销、轮、杆、凸轮等的加工;钳工操作时,掌握平台划线和台虎钳作业方法以及工具、通用量具的使用方法,误差检测与分析及机器人的安装和调试等;激光加工时,掌握激光非金属板材切割零件的加工方法,完成机器人手抓零部件等的加工;电火花线切割加工时,掌握电火花线切割机床加工的操作方法,完成齿轮加工;3D打印时,掌握非金属复杂零件的加工方法。

(7)完成零件加工后,进行安装、调试及实验,发现、分析和解决机器人安装调试过程中的相关问题。

4. 创新点

创新点的内容涉及结构设计、制作工艺、加工方法等。

(1)结构创新:物料搬运机器人的整体结构、传动机构等创新设计。让学生通过知识运用、独立思考和实验研究完成结构创新设计,鼓励学生综合使用CAD、CAM、CAE等软件进行设计和加工。

(2)工艺创新:采用先进制造技术加工传统零件,进行工艺创新。利用实训创新实验室的各种加工技术手段,通过成本和实用性优化选择加工设备和加工方法。不提供固定工序规程模板,考核加工精度和制造成本。

（3）方法创新：鼓励使用先进的加工技术、工艺和方法，如本课程学习的 3D 打印、激光切割、电火花线切割等技术。

（4）鼓励学生通过对物料搬运机器人的运动、抓取、放置等误差分析进行改进，提高加工精度。

6.2.4　项目考核

1. 方案设计（创新）

（1）提交设计图，包括装配图、三维演示图、传动原理图、主要零件图。

（2）提交机器人及相关实物。

（3）以报告的形式说明设计制作过程中形成的创新点，涉及原理方案设计、结构设计、材料选用、加工装配工艺、调试方法、加工安排等。

2. 知识运用

通过课堂或自主学习，获取材料、制造相关的核心知识。要求学生在项目设计、研究及实施过程中综合运用所学知识，在满足机器人功能的同时考虑实践操作的可行性、对环境的影响等因素，同时应用新知识，创新结构、工艺及方法。项目组提交的工作报告中需要说明：

（1）项目过程中直接涉及并通过学习、实践理解掌握的知识点。

（2）项目过程中间接涉及并通过学习、实践理解掌握的知识点。

3. 产品制作水平（实践）

（1）零件的加工精度及表面质量须满足工程图的要求。

（2）装配过程应符合装配工艺要求。

（3）机器人调试后应满足物料抓取、搬运和放置的效率和精度要求。

（4）学生加工操作时应严格遵守安全操作规程，且加工工艺应合理。

（5）产品外观美观，不能有明显的缺陷（如掉漆、划痕等）。

4. 功能实现（能力）

实现对物料的抓取、搬运及放置功能，且应满足以下参数要求：物料放置位置精度不大于 ± 1 mm，搬运时间不多于 18 s，无故障连续运行时间不少于 1 h。

5. 产品说明书

产品说明书应包括：设计方案分析报告、结构设计计算、力学分析计算和元器件的选型；系统的 3D 模型和工程图（装配图、零件图、零件明细表、标准件明细表及外购件明细表等）；工艺分析，主要为典型零件的加工工艺规程；成本分析报告；系统调试方案、调试过程及调试结果。

6. 成本分析

要求学生在研发项目的过程中对材料费、加工费等逐项进行分析，形成最终的产品成本分析报告。

7. 工艺分析

设计方案不同,加工工艺也不同。主要根据设计的零件结构及工艺规程文件综合评估加工工艺、零件结构、装配工艺的合理性。

8. 体会与总结

要求每组学生根据团队合作情况及项目完成情况,每个学生根据个人在小组中的职责与定位,从知识、能力、实践、创新 4 个方面,共同完成一份项目体会与总结报告。

6.3　电子手写板创新设计与制作

6.3.1　项目内容

电子手写板是一种双稳态液晶膜的典型电子产品,集成了新材料、新技术和新工艺的选择与应用,能进行不同类别和层次化的应用与教学,可以作为跨界的核心技术应用。电子手写板集中了材料选择、造型设计、技术实施、加工制造和工艺优化等要素,并能与先进制造技术关联,成为现代加工制造技术创新性和实用性的重要载体,相关的技术要点也构成了当代大学生与时俱进、亟待掌握的工程理论基础知识。

本项目以电子手写板为基本教学载体,开展材料选择、工艺设计和制造加工等基础实践教学,并在初级产品的基础上增加了产品设计与创新,采用先进的工业制造技术进行加工。电子手写板如图 6-4 所示。

图 6-4　电子手写板

本项目通过电子手写板的设计与制作学习基本成形加工设备的使用,训练学生掌握数控加工机床、3D 打印机等设备的操作,采用的新材料包括高分子材料(包括复合材料)、硅酸盐材料(如特种玻璃等)等,以激光精密加工用的特定功能的新材料为基本出发点,整个产品设计与制作过程中包含了多种制造方法,完成产品相关零件的加工以及装配调试,进行不同批量等级的制造、加工规划和经济性分析等工程技术综合训练,通过知识点的比较、学习和及时把握实践方法,学习过程由点及面、由上而下。

1. 用途和功能

电子手写板采用柔性双稳态液晶显示技术,依靠外界光线呈现完美、清晰的书写笔迹,书写效果良好。电子手写板功耗极低,极致轻薄,能随时随地自由书写。利用双稳态液晶的特性,当有压力作用在液晶屏表面时能够记录轨迹,在一定的电压驱动下,双稳态液晶屏会恢复到初始状态,只在擦除时才耗电,一粒 R2025 纽扣电池可以使用长达 3 年时间,可反复擦除 50 000 次。通过特殊技术的植入(如 FILM SENSOR、蓝牙芯片、存储芯片等),可实现手写板局部擦写、笔迹记录、文档记录、柔性显示等功能。

2. 功能件的主要组成

外壳可选用铝板、铝型材、工程塑料、不锈钢等材料,加工工艺可以选择切削加工、3D 打印、挤压成形(铝型材)、铸造和激光加工等。

触控笔可选用工程塑料、铝合金与塑料复合材料,加工工艺可以选择切削加工、3D 打印和激光加工。

按钮及其他电气元件可选用工程塑料、铝合金与塑料复合材料,机械加工工艺主要选择3D 打印、数控加工。

电子手写板组件可选用能够进行激光切割的成品膜。

电路板部分可定制半成品电路板。

6.3.2　项目要求

本项目以项目驱动培养学生的自主学习能力、实践能力、创新能力和解决复杂工程问题的能力。在教师的指导下,学生通过上课或自主学习完成工程材料、工程训练、机械制造等基础知识的学习,以理论结合实践的方式开展混合式实训,学习创新设计、材料选择、工艺设计和优化,利用传统和新型成形加工设备,结合现有的激光加工设备、3D 打印机、加工中心等制造相关的零件,进行装配和调试,完成一种具有创新性、实用性的电子手写板制作。

6.3.3　项目实践

电子手写板根据所选材料和结构设计的不同,安排相应的制作工艺及实训教学。

选材:铝制型材、工程塑料、不锈钢型材等。

设计软件：基于 CAD、CAM 设计。

制造方法：3D 打印、数控加工。

主要实训设备：3D 打印机、数控机床、激光切割机、电火花线切割机床及常规设备等。

1. 知识点

知识点包括：金属材料、合金材料、工程塑料等材料的性能；材料的改性、表面工程技术；材料成形、材料连接成形（焊接）、高分子材料成形、3D 打印成形；机械制造工艺基础；先进的制造技术；机械制造的经济性与管理；机械制造的环境保护；车削工艺、铣削工艺、磨削工艺、钳工工艺、数控加工工艺、激光加工工艺；结构设计原理；装配调试等。

2. 能力点

能力点包括功能需求与任务分析、机械结构设计、工业设计、高分子材料认识、加工工艺设计、机械精度设计、数控机床操作与加工、3D 打印机操作与加工、电火花线切割机操作与加工、激光切割机操作与加工、线路板设计及制作。

3. 实践点

实践点的内容涉及机械结构设计、制作工艺、加工、装配等。

（1）产品外壳、触控笔的加工（成形制造、切削加工、激光加工、3D 打印等）。

（2）双稳定液晶膜的加工（激光加工全切或半切）。

（3）FILM SENSOR 功能片的蚀刻（激光蚀刻工艺）。

（4）装配调试。

（5）电路板制作。

4. 创新点

创新点的内容涉及结构设计、制作工艺、加工方法等。

（1）结构创新：电子手写板的工业设计、电路板的创新等。让学生通过知识运用、独立思考和实验研究完成结构创新设计，鼓励学生综合使用 CAD、CAM、CAE 等软件进行设计和加工。主要部件可以一体化成形，也可以分开制作，且无须黏结及螺丝固定，利用卯榫结构拼装产品外壳，可以采用超声波焊接或封闭胶带黏结等工艺。

（2）工艺创新：采用先进制造技术加工传统零件，进行工艺创新。可利用实训创新实验室的各种加工技术手段，不提供固定工序规程模板，但要考核加工精度和制造成本。对于某些新材料、新结构（如高分子材料的零件要加工成折叠形状），运用特种精密加工方式一次完成，传统手工切割工艺（半切）需多次成形工艺。

（3）方法创新：鼓励使用新的工艺方法和技术手段，自行设计外观并完成加工，可采用如 3D 打印、激光切割、电火花线切割等方法。

（4）鼓励学生对电子手写板进行性能分析，然后改进。

6.3.4　项目考核

1．方案设计（创新）（包括设计图、示意图、实物、结构或创新工艺等）

（1）图纸设计尺寸公差标注明确，可行性强。

（2）示意图表达清晰，内容丰富。

（3）实物具有使用价值，可正常使用。

（4）结构安排搭配合理，各卡扣处吻合，无异位。

（5）材料及外形设计有创意且美观。

2．知识的获得与运用（涉及核心知识点的数量、掌握及应用情况）

通过课程或自主学习工程材料与机械制造基础课程的核心知识。在此基础上，根据所选结构件如金属、高分子材料或功能器件材料与加工要求，针对性地学习知识点涵盖的相关材料、理化性能、制造方法、工艺性能和应用等知识；通过对不同材料和制造方法的对比做出分析选择。例如：

（1）不同材质外壳的切割或雕刻处参数设置合理。

（2）功能器件双稳态液晶膜的电极位置半切到位，没有过切导致短路现象，涉及加工制造参数与形状、尺寸精度的关系等。

（3）实际加工尺寸能满足设计尺寸的技术要求，其上极限、下极限偏差设定合理。

（4）正确选择基于机电一体化产品的线路板结构及参数。

3．产品制作水平（实践）（制造精度、装配水平等）

根据金属或高分子材料的加工制造性能与加工精度等级要求，确定相应零件的加工精度等级范围和装配质量评价指标。例如：

（1）外壳切割边缘的熔边现象不明显，边缘平滑。

（2）所有卡位的设计不能太紧或太松。

（3）电路板、电极位置及双稳态液晶膜的位置能够重合，接触良好。

4．功能实现（能力）

双稳态液晶膜产品的性能稳定，能够实现预设的结构和功能。

5．产品说明书

双稳态液晶膜为一种复合材料，具有手写显示功能和无须持续供电维持显示的节能特性，有压力作用在液晶屏表面时能够记录轨迹，在一定的电压驱动下，双稳态液晶屏会恢复到初始状态。

产品说明书应包括：设计方案、结构设计、制造方法工艺、电气性能测试、加工制造质量、使用安全和元器件选型等报告；系统的 3D 模型和工程图（装配图、零件图、零件明细表、标准件明细表及外购件明细表等）；工艺分析和典型零件加工工艺规程；成本分析报告；系统调试方案、调试过程及调试结果。

6. 成本分析

对产品成本进行分析，主要成本包括液晶膜、电路板、外壳材料和外壳加工工艺等的费用。

7. 工艺分析

电子手写板在精密加工时的关键工艺有以下 5 点：

（1）液晶膜材料为两层的复合材料，正、负电极分别位于材料的两面，分两次镜像翻转切割，均为半切。

（2）两电极位置的半切参数设置合理，不能过切，否则会导致短路，使液晶膜无法正常使用。

（3）液晶膜所有转角处均做 $R1 \sim R2$ 的倒圆角设计与加工。

（4）合理设计外壳加工的数控加工工艺参数和程序。

（5）合理设计外壳和触控笔的 3D 打印工艺。

8. 体会与总结

要求每组学生根据团队合作情况及项目完成情况，以及每个学生根据个人在小组中的职责与定位，从知识、能力、实践、创新 4 个方面，共同完成一份项目体会与总结报告。

习　题　6

6-1　简述"工程训练综合创新"课程的 KAPI 一体化培养实践教学模式，并举例说明。

6-2　自主设计创新作品，采用先进的加工技术加工关键零件，制作创新作品样机，结合 KAPI 一体化培养的实践教学方法简述作品设计的知识点、能力点、实践点、创新点等。

参 考 文 献

[1]　周虹.数控编程与仿真实训[M].北京：人民邮电出版社,2015.

[2]　苗喜荣.数控铣编程与操作[M].北京：电子工业出版社,2014.

[3]　顾晔,卢卓.数控编程与操作[M].北京：人民邮电出版社,2017.

[4]　田坤,聂广华,陈新亚,等.数控机床编程、操作与加工实训[M].北京：电子工业出版社,2015.

[5]　王道宏.数控技术[M].杭州：浙江大学出版社,2008.

[6]　吕鉴涛.3D打印原理、技术与应用[M].北京：人民邮电出版社,2017.

[7]　姚栋嘉,陈智勇,吕磊,等.3D打印技术[M].北京：机械工业出版社,2018.

[8]　刘晋春,赵家齐,赵万生,等.特种加工[M].北京：机械工业出版社,2006.

[9]　孙康宁,梁延德,于化东,等.大学生知识、能力、实践、创新(KAPI)一体化培养理论与实践[M].北京：高等教育出版社,2020.

[10]　陈中中,王一工.先进制造技术[M].北京：化学工业出版社,2016.